高等院校心理学专业精品教材系列

Experiment of
COGNITIVE
PSYCHOLOGY

认知心理学实验

董一胜　邓芳　／编著

ZHEJIANG UNIVERSITY PRESS
浙江大学出版社

图书在版编目（CIP）数据

认知心理学实验 / 董一胜，邓芳编著. —杭州：浙江大学出版社，2019.12
ISBN 978-7-308-19963-6

Ⅰ.①认… Ⅱ.①董… ②邓… Ⅲ.①认知心理学—研究 Ⅳ.①B842.1

中国版本图书馆 CIP 数据核字(2020)第 000053 号

认知心理学实验
董一胜　邓　芳　编著

策划编辑　朱　玲
责任编辑　王　波
责任校对　汪淑芳
封面设计　春天书装
出版发行　浙江大学出版社
（杭州市天目山路 148 号　邮政编码 310007）
（网址：http://www.zjupress.com）
排　　版　杭州中大图文设计有限公司
印　　刷　杭州钱江彩色印务有限公司
开　　本　787mm×1092mm　1/16
印　　张　9
字　　数　208 千
版 印 次　2019 年 12 月第 1 版　2019 年 12 月第 1 次印刷
书　　号　ISBN 978-7-308-19963-6
定　　价　29.00 元

FOREWORD

前　言

认知心理学自从20世纪60年代逐步兴起，现在已经成为心理学研究的一个主流学派。该学派采用信息加工的观点看待人的认知活动，认为人的认知活动可以看作是对信息进行加工的过程，从而为心理学的研究开辟了一个新的研究方向。

本教材主要选取了一些当代认知心理学研究领域影响重大的经典心理学研究进行介绍，旨在让学生体会著名心理学家的研究思路和研究方法，从而为其后续的科研道路打下坚实的基础。为此，所选用的实验程序均严格遵循文献中的实验条件，从而确保了实验结果的可重复性和稳定性。

本书内容与浙江大学认知心理学教学管理系统配套使用。

编者

2019年10月

CONTENTS

目 录

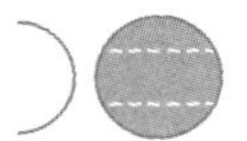

第1章 阈限测定实验

1.1 实验背景

感觉是人脑对直接作用于感觉器官的客观事物的个别属性的主观反应，感觉的其中一个特性是感受性。感受性是指人的感觉器官对适宜刺激的感受能力。适宜刺激是指特定的感受器官，只接受特定性质的刺激，例如耳朵只能接受听觉刺激，而不能接受视觉刺激；此外，适宜的刺激还要有一定的强度才能引起感觉，例如我们感觉不到落在皮肤上的尘埃。

感觉阈限(sensory threshold)，又称阈限，是传统心理物理学的核心概念。阈限可以分为两种：一是绝对阈限，指刚好能够引起心理感受的刺激强度；二是差别阈限，指刚好能引起差异感受的刺激变化量。但实际研究表明，对于某一特定强度的刺激，被试有时报告"无感觉"，有时报告"有感觉"，有时则报告"有一点儿感觉"。因此，研究者引入了操作定义(operational definition)的概念：把绝对阈限定义为有50%的实验次数能引起反应或感觉的刺激值；同理，把差别阈限定义为有50%的实验次数能引起差别感觉的两个刺激强度之差。

1834年，德国生理学家韦伯(E. H. Weber)通过对重量差别感觉的研究发现，感觉的差别阈限与原刺激量的变化呈现一定的规律性。具体表现为：刺激的增量(ΔI)和原刺激量(I)之比是一个常数(K)，公式为 $K=\frac{\Delta I}{I}$，常数 K 叫韦伯常数或韦伯分数(Weber's fraction)，该公式也被叫作韦伯定律(Weber's law)。韦伯分数根据感觉通道的类型和受测者自身感觉的不同，其值不同——其值越小，说明感受性越强，反之则越弱。韦伯定律表明刺激强度 I 和在该刺激强度下引起的最小可觉差(just noticeable difference，JND)呈正比关系。

最初韦伯定律只适用于中等刺激强度，原因是韦伯分数在刺激强度很低时会突然升高，为了能更好地拟合实证研究的数据，后来在韦伯定律基础上引入了一个新的参数

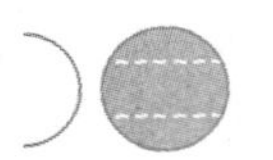

α，其数学形式如下：$K=\frac{\Delta I}{I+\alpha}$，$\alpha$ 通常是一个数值很小的常数，参数 α 的出现，使得韦伯定律在极低刺激强度下也不至于失效。

心理物理法的创始人费希纳（G. T. Fechner）认为感觉阈限测定的基本方法有三种，分别是最小变化法、平均差误法和恒定刺激法。

（1）最小变化法（minimal-change method）又称极限法，是测定阈限的直接方法。最小变化法由递增和递减两个系列组成，通过间隔相等的小幅变化来系统地探讨被试由一类反应到另一类反应的转折点，如寻找从无感觉到有感觉或从有感觉到无感觉的临界值。最小变化法既可以用于测定绝对感觉阈限，也可以用于测定差别感觉阈限。

最小变化法测定差别阈限的方法：分别计算递增和递减系列中突变临界点对应的差别阈限的上限（L_u）和下限（L_l），两者的差值为不肯定间距（I_u），不肯定间距数值的一半或取上差别阈限（DL_u）和下差别阈限（DL_l）之和的一半为差别阈限（DL），而不肯定间距的中点为主观相等点（point of subjective equality，PSE），其与标准刺激（S_t）的差距为差误（constant error，CE）。公式表述如下：

$$\mathrm{DL}_u=L_u-S_t \quad \mathrm{DL}_l=S_t-L_l$$

$$\mathrm{PSE}=\frac{L_u+L_l}{2}$$

$$\mathrm{CE}=|S_t-\mathrm{PSE}|$$

$$\mathrm{DL}=\frac{I_u}{2}=\frac{\mathrm{DL}_u+\mathrm{DL}_l}{2}=\frac{L_u-L_l}{2}$$

用最小变化法测定差别阈限时，容易产生各类误差，如习惯误差、期望误差、空间误差和动作误差。其中，为消除空间误差，可以使比较刺激在标准刺激左右各半来加以消除；为消除动作误差，可以使一半比较刺激长于标准刺激，而另一半比较刺激短于标准刺激。

最小变化法将有感觉与无感觉的转折点作为阈限，曾被认为很好地表达了感觉阈限的概念：人们是无法感觉到在阈限以下的刺激的。但是阈下知觉的存在表明上述看法有待商榷。因而，最小变化法现已被淘汰，研究者转而使用最新的 QUEST 法来测定感觉阈限。

（2）平均差误法（method of average error）又称调整法，最适用于测定差别感觉阈限，也可以用于测定绝对感觉阈限。该方法的特点是呈现一个标准刺激和比较刺激，然后要求被试调节比较刺激，使之与标准刺激相等。由于被试不可能每次都使比较刺激和标准刺激相等，因而可能会存在误差，将多次误差平均后即可得到平均差误（AE）。由于平均差误与差别阈限成正比，因而可以用平均差误来估计差别感受性。平均差误的计算具体有以下两种方法：

①把每次调整的结果（X）与主观相等点（PSE）的差值的绝对值加以平均，作为差别阈限的估计（AE_M）。

$$\mathrm{AE}_M=\frac{\sum|X-\mathrm{PSE}|}{N},\mathrm{PSE}=\frac{\sum X}{N}$$

② 把每次调整的结果(X)与标准刺激(S_t)的差值的绝对值加以平均,作为差别阈限的估计(AE_{st})。

$$AE_{st}=\frac{\sum|X-S_t|}{N}$$

此外,每次调整的结果(X)的标准偏差也可以作为差别阈限的估计,数值大则说明辨别能力弱,反之,则说明能力强。

平均差误法容易引入空间误差和动作误差,为消除空间误差,可以使比较刺激在标准刺激左右各半来加以消除。同时为了消除动作误差,可以使一半比较刺激长于标准刺激,而另一半比较刺激短于标准刺激。

(3)恒定刺激法(method of constant stimulus)又称频率法,是最准确、应用最广的心理物理法。该法是以一定的次数(500~100 次)呈现几个(5~7 个)固定强度的比较刺激。每次随机挑选其中一个刺激对被试进行施测,最后通过计算被试对每个比较刺激的觉察次数来确定绝对阈限。测量差别阈限则需要被试每次将比较刺激与标准刺激进行比较,最后统计被试对每个比较刺激相对标准刺激的强弱次数来确定差别阈限。

需要注意:此法在实验之前需先选定刺激。所选比较刺激的最大强度被感觉到的比例应不低于 95%(≥95%);所选刺激的最小强度被感觉到的比例则应不高于 5%(≤5%)。选定刺激呈现的范围之后,再在这个范围内取距离相等的几个刺激。

用恒定刺激法测定差别阈限,较早的方法是要求被试做出三类反应:“大于”、“等于”和“小于”,但发现被试在做“等于”反应时,会受到其性格特征及策略的影响,若被试较为自信,做出“等于”反应就较少,反之,若被试较为谨慎,做出“等于”反应则较多,这样会影响其差别阈限的大小。因此,后续的方法多采用只让被试做“大于”或“小于”的两类反应。

(4)QUEST 法。该方法是基于贝叶斯原理的阈限测定算法,由 Watson 和 Pelli 于 1983 年首次提出(Watson,1983)。与传统的阈限测定方式不同,QUEST 法是一种“自适应”算法,它根据前一次试验的刺激强度和被试反应的结果来确定当前试验的刺激强度,因而可以很快确定被试的阈限。

1.2 实验方法

1.2.1 被试

选取至少 30 名被试(男女各半)的实验数据进行分析。

1.2.2 仪器与材料

IBM-PC 计算机一台,认知心理学教学管理系统。本实验呈现的刺激材料是黑色线

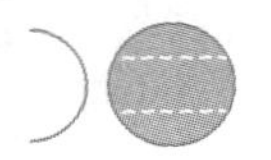

条,宽度为 10 个像素(pixel),长度在 176～224 像素范围。

1.2.3 实验设计与流程

本实验包含四个子实验:平均差误法测定差别阈限实验、最小变化法测定差别阈限实验、恒定刺激法测定差别阈限实验和 QUEST 法测定差别阈限实验。

1.2.3.1 平均差误法测定差别阈限实验

平均差误法测定差别阈限实验单次试验流程见图 1-1。首先,随机空屏 700～1300ms 后,在屏幕上一左一右呈现两条黑色线条,其中一条是标准刺激,另一条是比较刺激(调节刺激)。被试需要通过按键来调整比较刺激的长短,以和标准刺激感觉上相等。标准刺激的长度恒为 200 像素,而比较刺激的长度则在 176～224 像素范围变化。增加长度的默认按键为"J"键,减少长度的默认按键为"F"键,每次按键增减均为 1 像素。比较刺激出现在左侧和右侧的概率是相等的(各 0.5);同时比较刺激初始长度较标准刺激长或短的概率也是相等的(各 0.5)。比较刺激下方有蓝色的"比较刺激"四个字,而标准刺激下方有棕色的"标准刺激"四个字,以示区分。为了减少被试在按键过程中的反应定势,生成的实验序列经 Wald-Wolfowitz 游程检验,显著性大于 0.10(双侧)。被试调整完毕后,按空格键确认,而后自动进入下一次试验。

实验开始前,从正式实验中随机抽取 10 次作为练习,调节误差比例低于 5%后方可进入正式实验。正式实验共有 96 次试验,分 4 组(每组 24 次),组与组之间分别有一段休息时间。整个实验持续约 30 分钟。

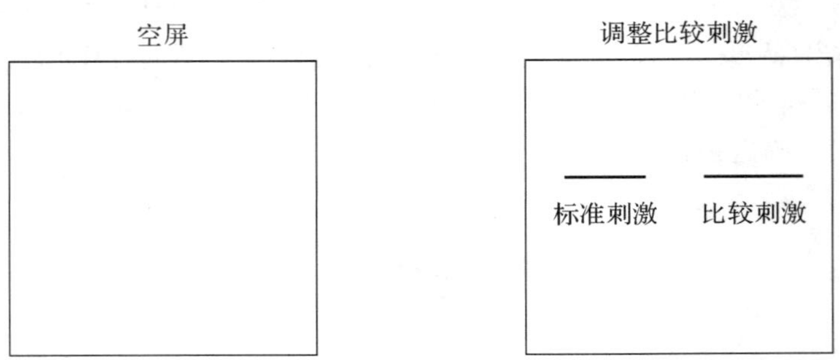

图 1-1 平均差误法测定差别阈限实验单次试验流程

1.2.3.2 最小变化法测定差别阈限实验

最小变化法测定差别阈限实验单次试验流程见图 1-2。首先,随机空屏 700～1300ms 后,在屏幕上一左一右呈现两条黑色线条,其中一条是标准刺激,另一条是比较刺激(调节刺激)。被试需要通过按键来调整比较刺激的长短,以和标准刺激感觉上相等。实验由增(长)系列和减(短)系列组成。标准刺激的长度恒为 200 像素。其中,增

(长)系列中的比较刺激由明显比标准刺激短的长度开始(176~195 像素),需要被试通过不断按增长键使比较刺激增长,当发现两者相等时就按相等键,按完相等键后,若发现仍然相等,可以继续按相等键,直到发现比较刺激比标准刺激长时,按减短键,以结束一次试验;同理,减(短)系列中的比较刺激由明显比标准刺激长的长度开始(205~224 像素),需要被试通过不断按减短键使比较刺激减短,当发现两者相等时就按相等键,按完相等键后,若发现仍然相等,可以继续按相等键,直到发现比较刺激比标准刺激短时,按增长键,以结束一次试验。增加长度的默认按键为"J"键,减少长度的默认按键为"F"键,每次按键增减均为 1 像素,而相等长度的默认按键则为空格键。比较刺激出现在左侧和右侧的概率是相等的(各 0.5);同时比较刺激初始长度较标准刺激长或短的概率也是相等的(各 0.5)。比较刺激下方有蓝色的"比较刺激"四个字,而标准刺激下方有棕色的"标准刺激"四个字,以示区分,同时,每次试验均会在屏幕上方标示操作方向(递减操作或递增操作)。为了减少被试在按键过程中的反应定势,生成的实验序列经 Wald-Wolfowitz 游程检验,显著性大于 0.10(双侧)。

实验开始前,从正式实验中随机抽取 8 次作为练习,调节误差比例低于 5%方可进入正式实验。正式实验共有 40 次试验,分 4 组(每组 10 次),组与组之间分别有一段休息时间。整个实验持续约 15 分钟。

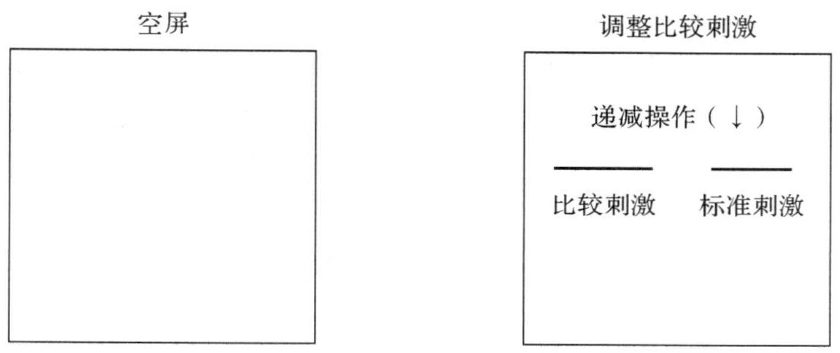

图 1-2　最小变化法测定差别阈限实验单次试验流程

1.2.3.3　恒定刺激法测定差别阈限实验

恒定刺激法测定差别阈限实验单次试验流程见图 1-3。首先,随机空屏 700~1300ms 后,在屏幕上一左一右呈现两条黑色线条,其中一条是标准刺激,另一条是比较刺激(调节刺激)。被试需要通过按键判断比较刺激较标准刺激是感觉上偏长还是偏短。实验中,标准刺激的长度恒为 200 像素,而比较刺激长度共有 6 种,分别是:185 像素、191 像素、197 像素、203 像素、209 像素和 215 像素。偏长的默认按键为"J"键,偏短的默认按键为"F"键。比较刺激出现在左侧和右侧的概率是相等的(各 0.5);同时比较刺激初始长度较标准刺激长或短的概率也是相等的(各 0.5)。比较刺激下方有蓝色的"比较刺激"四个字,而标准刺激下方有棕色的"标准刺激"四个字,以示区分。为了减少被试在按键过程中的反应定势,生成的实验序列经 Wald-Wolfowitz 游程检验,显著性

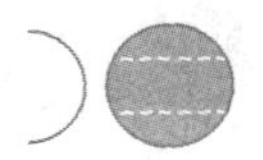

大于 0.10(双侧)。被试做出按键反应后，自动进入下一次试验。

实验开始前，从正式实验中随机抽取 10 次作为练习，击中比例高于 60%方可进入正式实验。正式实验共有 300 次试验，分 4 组(每组 75 次)，组与组之间分别有一段休息时间。整个实验持续约 30 分钟。

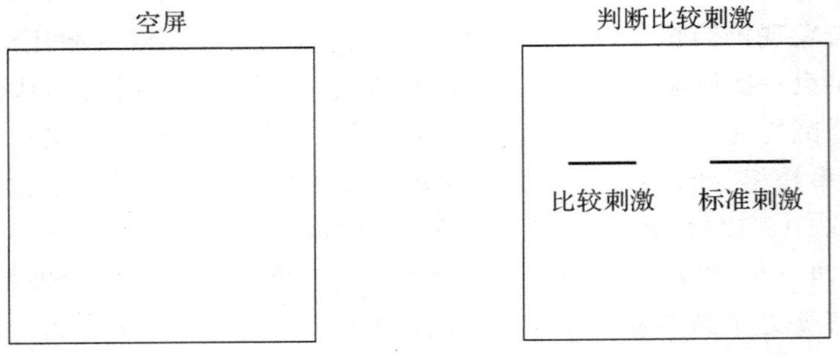

图 1-3 恒定刺激法测定差别阈限实验单次试验流程

1.2.3.4 QUEST 法测定差别阈限实验

QUEST 法测定差别阈限实验单次试验流程见图 1-4。首先，随机空屏 700～1300ms 后，在屏幕上一左一右呈现两条黑色线条，其中一条是标准刺激，另一条是比较刺激(调节刺激)。被试需要通过按键判断比较刺激较标准刺激是感觉上偏长还是偏短。实验中，标准刺激的长度恒为 200 像素，而比较刺激的长度则由 QUEST 算法根据前一次试验的刺激强度和被试反应的结果动态生成。偏长的默认按键为"J"键，偏短的默认按键为"F"键。比较刺激出现在左侧和右侧的概率是相等的(各 0.5)。比较刺激下方有蓝色的"比较刺激"四个字，而标准刺激下方有棕色的"标准刺激"四个字，以示区分。为了减少被试在按键过程中的反应定势，生成的实验序列经 Wald-Wolfowitz 游程检验，显著性大于 0.10(双侧)。被试做出按键反应后，自动进入下一次试验。

本实验中 QUEST 算法采用的参数设置如下：tGuess 为先验阈限估计值，本实验为 200；tGuessSd 为先验阈限估计值的标准差，本实验设为 8；pThreshold 为阈限临界值处反应偏长的概率，本实验设为 0.82。beta、delta 和 gamma 均为 Weibull 心理测量函数

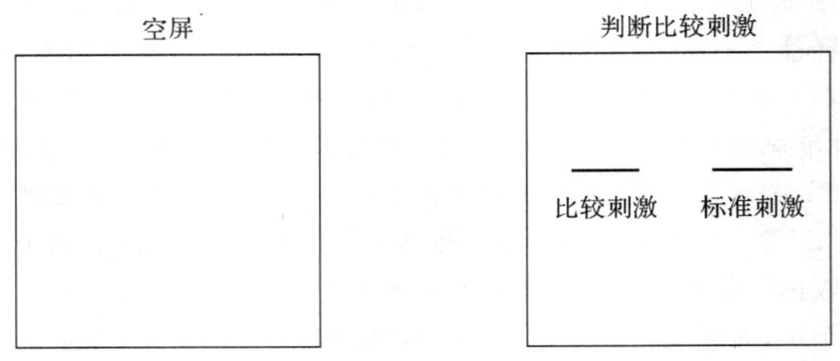

图 1-4 QUEST 法测定差别阈限实验单次试验流程

的参数。其中，beta 控制心理测量函数的斜率，通常为 3.5；delta 是指被试盲目反应的比例，通常为 0.01；gamma 是指当强度值等于靶子刺激强度时，反应刺激偏长试验的比例数，本实验设为 0.5。grain 为刺激变化的步长，本实验设为 1；range 为刺激变化的全距，本实验设为 50(－25～25)。

实验开始前，从正式实验中随机抽取 10 次作为练习，击中比例高于 60％方可进入正式实验。正式实验共有 40 次试验，分 4 组(每组 10 次)，组与组之间分别有一段休息时间。整个实验持续约 10 分钟。

1.3 结果分析

1. 平均差误法：分别采用两种方法计算每个被试和所有被试的差别阈限；以比较刺激所在位置为横坐标，比较刺激最终长度为纵坐标(标准刺激长度为基准点)，绘制比较刺激在不同长度条件下的柱形图，并借此考察被试在调节比较刺激时是否存在空间误差和动作误差。

2. 最小变化法：分别计算每个被试和所有被试在增减系列中的绝对差别阈限(相对差别阈限)和主观相等点，并考察其差异是否显著；分析实验数据，考察被试在调节比较刺激时是否存在空间误差、习惯误差和期望误差。

3. 恒定刺激法：以比较刺激长度为横坐标，判断比较刺激较标准刺激偏长和偏短的百分比例为纵坐标，分别绘制折线图；采用直线内插法和最小二乘法分别计算每个被试和所有被试的 75％绝对差别阈限(相对差别阈限)及其对应的主观相等点。

4. QUEST 法：以试验次数为横坐标，比较刺激强度为纵坐标，选择一名典型被试绘制折线图，并考察所有被试最终差别阈限的收敛情况(提示：可以采用移动平均的方式进行)。

1.4 讨　论

1. 平均差误法有何优点和缺点？

2. 平均差误法的两种计算方法中，哪种算法更能体现差别阈限的含义，为什么？(提示：可以从信度或效度方面考虑)

3. 平均差误法测定差别阈限实验中是否还有无关变量没有得到很好的控制而影响实验结果？

4. 最小变化法有何优点和缺点？

5. 有哪些因素会影响最小变化法测定差别阈限的实验结果？

6. 恒定刺激法有何优点和缺点？

7. 如何用恒定刺激法测定差别阈限来验证韦伯定律？

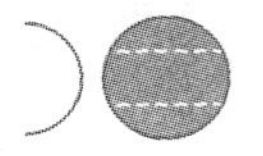

8. 结合 QUEST 法的实验结果，简述 QUEST 算法的原理、特点及其使用步骤。(QUEST 算法参见 1.7 补充阅读材料)

1.5 结　论

结合讨论结果，给出本实验的研究结论。

1.6 思考题

1. 费希纳在韦伯定律的基础上假定：每个最小可觉差(JND)对应的感觉强度变化是相等的，请据此推导费希纳定律($\varphi=k\lg\Phi$，其中 Φ 代表物理刺激强度，φ 代表心理感觉强度，k 是常数)。

2. 如果韦伯定律表述为 $\mathrm{d}S=K\cdot\frac{\mathrm{d}I}{I}$，费希纳定律是否仍满足对数函数形式？

1.7 补充阅读材料

在线文献

相关资料下载

1.8 意见与建议

对该实验程序，你有何意见与建议？

1.9 附 录

1.9.1 如何打开实验数据文件

实验数据文件放在安装程序目录下的 ThresholdTest 文件夹下。各个数据文件名如下：

(1)平均差误法测定差别阈限实验数据文件名为“Sub_学生学号_学生姓名_阈限测定实验_DATA_平均差误法.csv”，该数据文件为逗号分隔值(comma separated value，CSV)文件，可以用 MS Excel(WPS 电子表格)打开(数据分列时，请选择逗号作为分隔符)。

(2)恒定刺激法测定差别阈限实验数据文件名为“Sub_学生学号_学生姓名_阈限测定实验_DATA_恒定刺激法.csv”。

(3)最小变化法测定差别阈限实验数据文件名为“Sub_学生学号_学生姓名_阈限测定实验_DATA_最小变化法.csv”。

(4)QUEST 法测定差别阈限实验数据文件名为“Sub_学生学号_学生姓名_阈限测定实验_DATA_QUEST 法.csv”。

1.9.2 实验数据文件说明

(1)平均差误法测定差别阈限实验数据文件列名及其含义(表 1-1)

表 1-1 平均差误法测定数据文件列名及其含义

序号	列名	列名含义
1	ID	试验号
2	SubName	被试姓名
3	SubSex	被试性别
4	SubAge	被试年龄
5	StdStimPosition	标准刺激所在位置(Left—左侧，Right—右侧)
6	VarStimPosition	比较刺激所在位置(Left—左侧，Right—右侧)
7	LineLen	比较刺激较标准刺激的长短(Shorter—较短，Longer—较长)
8	StdStimLen(pixel)	标准刺激长度(以像素记)

续表

序号	列名	列名含义
9	VarStimIniLen(pixel)	比较刺激初始长度(以像素记)
10	VarStimEndLen(pixel)	比较刺激最终长度(以像素记)

(2)最小变化法测定差别阈限实验数据文件列名及其含义(表 1-2)

表 1-2 最小变化法测定数据文件列名及其含义

序号	列名	列名含义
1	ID	试验号
2	SubName	被试姓名
3	SubSex	被试性别
4	SubAge	被试年龄
5	StdStimPosition	标准刺激所在位置(Left—左侧,Right—右侧)
6	VarStimPosition	比较刺激所在位置(Left—左侧,Right—右侧)
7	OperationSeries	操作系列(IncreaseSeries—递增系列,DecreaseSeries—递减系列)
8	StdStimLen(pixel)	标准刺激长度(以像素记)
9	VarStimIniLen(pixel)	比较刺激初始长度(以像素记)
10	VarStimCrLen(pixel)	比较刺激临界长度(以像素记)
11	VarStimEndLen(pixel)	比较刺激最终长度(以像素记)
12	UpperThreshold(pixel)	差别阈限上限(以像素记)
13	LowerThreshold(pixel)	差别阈限下限(以像素记)

(3)恒定刺激法测定差别阈限实验数据文件列名及其含义(表 1-3)

表 1-3 恒定刺激法测定数据文件列名及其含义

序号	列名	列名含义
1	ID	试验号
2	SubName	被试姓名
3	SubSex	被试性别
4	SubAge	被试年龄
5	StdStimPosition	标准刺激所在位置(Left—左侧,Right—右侧)

续表

序号	列名	列名含义
6	VarStimPosition	比较刺激所在位置(Left—左侧,Right—右侧)
7	ResponseKey	反应键(J 键—默认,F 键—默认)
8	StdStimLen(pixel)	标准刺激长度(以像素记)
9	VarStimLen(pixel)	比较刺激长度(以像素记)
10	LineLen	比较刺激较标准刺激的长短(Shorter—较短,Longer—较长)
11	ResponseLen	被试反应比较刺激较标准刺激的长短(Shorter—较短,Longer—较长)

(4)QUEST 法测定差别阈限实验数据文件列名及其含义(表 1-4)

表 1-4 QUEST 法测定数据文件列名及其含义

序号	列名	列名含义
1	ID	试验号
2	SubName	被试姓名
3	SubSex	被试性别
4	SubAge	被试年龄
5	StdStimPosition	标准刺激所在位置(Left—左侧,Right—右侧)
6	VarStimPosition	比较刺激所在位置(Left—左侧,Right—右侧)
7	ResponseKey	反应键(J 键—默认,F 键—默认)
8	StdStimLen(pixel)	标准刺激长度(以像素记)
9	VarStimLen(pixel)	比较刺激长度(以像素记)
10	LineLen	比较刺激较标准刺激的长短(Shorter—较短,Longer—较长)
11	ResponseLen	被试反应比较刺激较标准刺激的长短(Shorter—较短,Longer—较长)

1.9.3 实验指导语

×××,您好！欢迎您参加“阈限测定实验”。在进行本实验之前,请先将您的手机关闭或调成静音(会议)模式,谢谢您的配合。

1. 本阈限测定实验由四部分组成,分别是平均差误法测定差别阈限、最小变化法测定差别阈限、恒定刺激法测定差别阈限和 QUEST 法测定差别阈限。

2. 平均差误法测定差别阈限实验注意事项:首先屏幕上会并排呈现两条黑色线段,其中一条是长度固定的标准刺激,另一条是可自由调节的比较刺激,您可以通过按键来调整其长短,使其与标准刺激长度相等。调整相等后按"空格键"确认。调节比较刺激的按键默认为"F"键(减少长度)和"J"键(增加长度)。如果不习惯该按键,可点击菜单"设定反应键(R)"进行调节。

3. 最小变化法测定差别阈限实验注意事项:首先屏幕上会并排呈现两条黑色线段,其中一条是长度固定的标准刺激,另一条是可自由调节的比较刺激,您的任务是通过按键来调整其长短,使其与标准刺激长度相等。如果您觉得比较刺激比标准刺激长,请一直按"F"键(减少长度),直到您觉得两者一样长,此时,请一直按空格键(相等长度),直到您觉得比较刺激比标准刺激短,此时,按"J"键(增加长度)结束一次调整;反之,如果你觉得比较刺激比标准刺激短,请一直按"J"键(增加长度),直到您觉得两者一样长,此时,请一直按空格键(相等长度),直到您觉得比较刺激比标准刺激长,此时,按"F"键(减少长度)结束一次调整。如果不习惯该按键,可点击菜单"设定反应键(R)"进行调节。

4. 恒定刺激法测定差别阈限实验注意事项:首先屏幕上会并排呈现两条黑色线段,其中一条是长度固定的标准刺激,另一条是长度变化的比较刺激,您的任务是判断比较刺激较标准刺激偏长或偏短。偏长,请按"J"键;偏短,请按"F"键。如果不习惯该按键,可点击菜单"设定反应键(R)"进行调节。

5. QUEST 法测定差别阈限实验注意事项:首先屏幕上会并排呈现两条黑色线段,其中一条是长度固定的标准刺激,另一条是长度变化的比较刺激,您的任务是判断比较刺激较标准刺激偏长或偏短。偏长,请按"J"键;偏短,请按"F"键。如果不习惯该按键,可点击菜单"设定反应键(R)"进行调节。

6. 上述四个任务要求尽量准确地做出反应,您的反应时不会被记录,不作为衡量指标。

7. 如有不明白的地方,请询问主试。

1.10 名词解释

75%差别阈限:以恒定刺激法测定差别阈限时,要求被试进行"长于"、"短于"两类反应,若在结果当中,"长于"标准刺激和"短于"标准刺激的两条百分比折线相交于 50%处(不能辨别),此时,差别阈限的上限值等于下限值(亦等于主观相等点),将导致无法计算差别阈限。为此,我们取 75%次感觉长于标准刺激的比较刺激强度作为差别阈限的上限(处于 50%和 100%两者的中点),而将 25%次感觉长于标准刺激的比较刺激强度作为差别阈限的下限(处于 50%和 0%两者的中点),由此,我们便可计算差别阈限,由于此法计算所得差别阈限与前述阈限的操作定义不符,故称为 75%差别阈限。

第2章 信号检测实验

2.1 实验背景

2.1.1 信号检测论

信号检测论是信息论的一个重要分支，最初是信息论在通信工程中的应用成果，专门处理噪声背景下对信号的有效分离，解决信号在传输过程中的随机性问题。信号检测论是以概率论和数理统计为理论基础的，根据概率论与数理统计中的参数估计、统计分布理论、随机现象的统计判断等理论，对信号和噪声进行准确的识别与判断。20 世纪 50 年代，由于现代数学的发展，人们建立起了比较系统、完善的信号检测论，并广泛应用于军事、通信、地质、物理、电子、天文与宇宙学等领域。1954 年，美国密西根大学的心理学家坦纳（W. P. Tanner）和斯韦茨（J. A. Swets）等人最早把信号检测论应用在心理学研究中人的感知过程的研究中，使得心理物理法发展到一个新的阶段。

信号检测论假定，噪声总是存在于系统之中，无法消除——无论这个系统是一个收音机，还是人的神经系统。因此，被试接收到刺激可能有两种情况：①仅仅是噪声背景（以 N 表示）；②在噪声背景上叠加了信号（以 SN 表示）。信号伴随噪声和单独出现噪声这两种情况下，分别可以在心理感受量值上形成两个分布：信号加噪声分布（简称信号分布）和噪声分布。由于信号总是叠加在噪声背景之上，因此总体上信号分布总是比噪声分布的心理感受更强些。图 2-1 显示了三种不同信号强度下的噪声和信号加噪声的理论分布。由此可见，信号分布与噪声分布必然存在一定的重合，而被试要判断一个刺激是信号还是噪声，是根据自己的主观感受进行判断的，即存在一个主观的判断标准 C，若刺激强度大于 C，即判断为有信号，反之则判断为无信号。

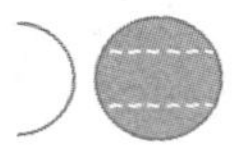

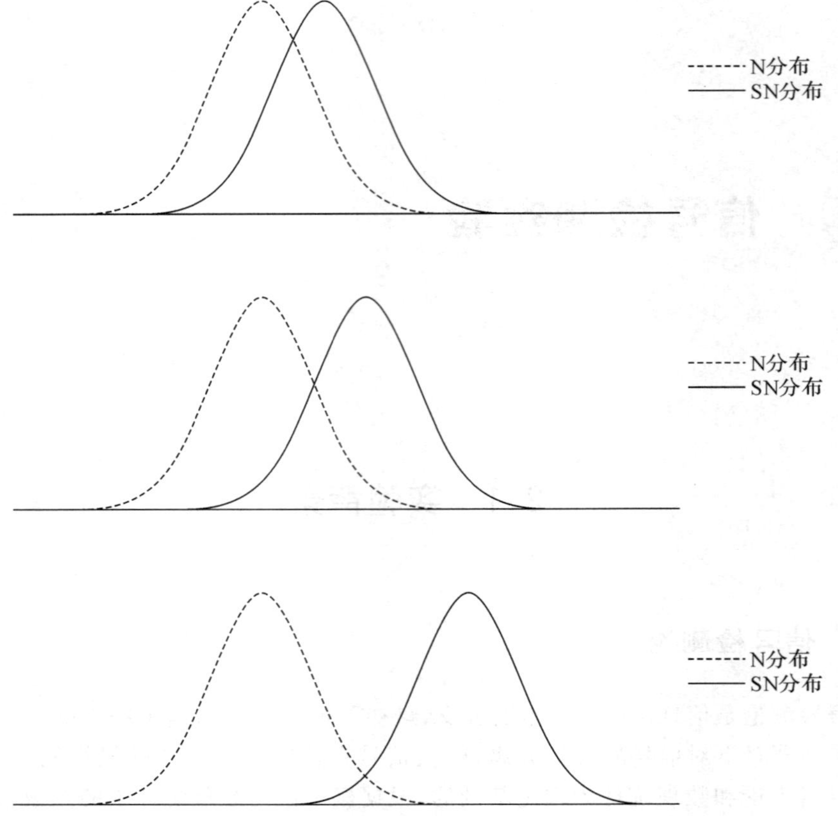

图 2-1 三种不同信号强度下的噪声和信号加噪声的理论分布

在信号检测论中，被试对有无信号的判定，可以有四种结果，这四种结果正好构成二择一的判别矩阵(参见表 2-1)：

(1)击中。当信号(SN)出现，被试报告“有”，此时为击中(Hit)，其出现概率用P(H)代表。

(2)虚惊。当只有噪声(N)出现，被试报告“有”，此时为虚惊(False Alarm)，其出现概率用P(FA)代表。

(3)漏报。当信号(SN)出现，被试报告“无”，此时为漏报(Miss)，其出现概率用P(M)代表。

(4)正确拒斥。当只有噪声(N)出现，被试报告“无”，此时为正确拒斥(Correct Rejection)，其出现概率用P(CR)代表。

由上述定义可知，$P(\mathrm{H})+P(\mathrm{M})=1$，$P(\mathrm{FA})+P(\mathrm{CR})=1$。

表 2-1　信号检测二择一判别矩阵

刺激	反应	
	有信号	无信号
有信号	击中 $P(\mathrm{H})$	漏报 $P(\mathrm{M})$
无信号	虚惊 $P(\mathrm{FA})$	正确拒斥 $P(\mathrm{CR})$

注:表内的四种概率均为条件概率。

2.1.2　信号检测论的三个测量指标

(1)反应倾向

反应倾向(response bias)通常用似然比值(likelihood ratio)来反映,用 β 表示,是指信号加噪声引起的特定感觉的条件概率与噪声引起的条件概率的比值,其数学定义为给定 X_C 水平上信号分布的纵坐标与噪声分布的纵坐标之比。其计算方法是将击中率 $P(\mathrm{H})$ 和虚惊率 $P(\mathrm{FA})$ 转换为 Z 分数 Z_{SN} 和 Z_{N},再将 Z 分数转换为正态分布曲线上的概率密度值 O_{SN} 和 O_{N}(可通过查阅 PZO 转换表来完成)。β 的计算公式为:

$$\beta=\frac{O_{\mathrm{SN}}}{O_{\mathrm{N}}}$$

通过 β 值可以解释被试对刺激进行判断时所持标准的严格性,β 值越大($\beta>1$),被试采用的标准 X_C 越严格(X_C 右移,击中率和虚惊率均下降,而漏报率和正确拒斥率均上升);β 值越小($\beta<1$),被试的判断标准 X_C 就越宽松(X_C 左移,击中率和虚惊率都会上升,而漏报率和正确拒斥率下降)。

(2)反应敏感性

信号检测论的最主要贡献是在反应偏向与反应敏感性之间做出了区分。敏感性是指内部噪声分布 $f_{\mathrm{N}}(X)$ 与信号加噪声的分布 $f_{\mathrm{SN}}(X)$ 之间的分离程度。两者分离程度越大,敏感性越高;反之,敏感性越低。该指标既受信号的物理性质影响,也受被试特性的影响。可以用 $f_{\mathrm{N}}(X)$ 与 $f_{\mathrm{SN}}(X)$ 之间的距离作为敏感性指标,称为辨别力指数 d',d' 等于两个分布的均数之差除以噪声分布的标准差,由于 N 分布和 SN 分布的形态相同,因此有:

$$d'=\frac{\mu_{\mathrm{SN}}-\mu_{\mathrm{N}}}{\sigma}=\frac{\mu_{\mathrm{SN}}}{\sigma}-\frac{\mu_{\mathrm{N}}}{\sigma}=Z_{\mathrm{SN}}-Z_{\mathrm{N}}=\Phi^{-1}(\mathrm{CR})-\Phi^{-1}(\mathrm{M})$$

(3)判别标准

判别标准(judgment criterion)是指判断分界点上的感受经验强度,即横轴上的判定标准 θ。在数学上用 C 表示,公式如下:

$$C=\frac{\theta-\mu_N}{\mu_{SN}-\mu_N}=\frac{\frac{\theta-\mu_N}{\sigma}}{\frac{\mu_{SN}-\mu_N}{\sigma}}=\frac{Z_N}{d'}=\frac{\frac{\theta-\mu_N}{\sigma}}{\frac{\theta-\mu_N}{\sigma}-\frac{\theta-\mu_{SN}}{\sigma}}$$

$$=\frac{\Phi^{-1}(\mathrm{CR})}{\Phi^{-1}(\mathrm{CR})-\Phi^{-1}(\mathrm{M})}=\frac{\Phi^{-1}(\mathrm{FA})}{\Phi^{-1}(\mathrm{FA})-\Phi^{-1}(\mathrm{H})}$$

式中，d'为被试的感受性(即辨别力指数)，Z_N 为低强度刺激(N)的正确拒斥概率的标准分数；Φ^{-1}(CR)为正确拒斥累积概率的反函数，Φ^{-1}(M)为漏报累积概率的反函数；Φ^{-1}(H)为击中累积概率的反函数，Φ^{-1}(FA)为虚惊累积概率的反函数。

为了方便具体计算，C 可以转换为带刺激强度单位，其计算公式是：

$$C'=(I_2-I_1)\times C+I_1$$

式中，I_2 为高强度刺激(SN)的强度值，I_1 为低强度刺激(N)的强度值。判断标准 C'的数值越大，被试的判断标准就越严格，数值越小，判断标准越宽松。

2.1.3 视觉工作记忆

视觉工作记忆是工作记忆的一个子系统。工作记忆这一概念最早由 Miller 等人在 20 世纪 60 年代提出，其目的是将工作记忆与短时记忆区分开来。短时记忆强调的只是信息的短时存储，而工作记忆则更加强调记忆系统的功能，即用来支持复杂的认知活动、心理操作以及形成连贯的思维。

随后研究者提出了多种关于工作记忆的理论模型，其中影响力最大的当属 Baddeley 和 Hitch 等人(Allen，Hitch & Baddeley，2009)提出的工作记忆的多成分模型(multiple component model of working memory)。最早的多成分模型包括语音回路(phonological loop)、视觉空间画板(visuospatial sketch pad)和中央执行器(central executive)三个成分。后来，又增加了一个情景缓冲器(episodic buffer)。具体参见图 2-2。其中，语音回

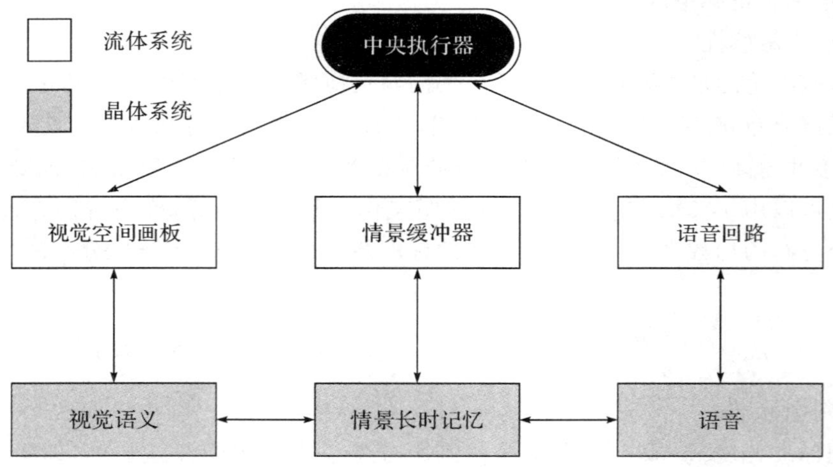

图 2-2　视觉工作记忆的多成分模型

路专门用来保持基于声音或言语的信息;视觉空间画板用于保持以视觉或空间形式编码的信息;而情景缓冲器则是一个容量有限的子系统,可以存储多维编码的信息,因而能够将来自工作记忆各个子系统、知觉和长时记忆的信息整合为统一的表征;最后整个系统由中央执行器控制。中央执行器是一个受注意资源限制的系统,它负责选择和操作子系统中所保持的材料。

最早的工作记忆研究大多使用回忆范式,即给被试呈现一系列的刺激,然后要求被试依次将项目报告出来,以正确报告的项目数作为工作记忆容量。然而,这种回忆范式难以排除语音编码的影响,其测得的容量可能不是纯的视觉工作记忆容量,而是包含了语音回路协同操作的结果。为了排除语音编码的干扰,Phillips 在 1974 年发展了一种新的范式——让被试比较前后两帧画面是否发生变化。而后,Luck 和 Vogel 等人在此基础上进行了改进,提出了现在被普遍认可的研究视觉工作记忆的范式之一——变化觉察范式(Luck & Vogel,1997;Vogel,Woodman & Luck,2001),范式流程参见图 2-3。典型的变化觉察范式一般包括三个阶段:(1)编码阶段:短暂呈现若干记忆项(memory array 或 sample array);(2)保持阶段:记忆项消失,出现空屏或掩蔽,持续至少 300ms,以此将瞬时记忆与视觉工作记忆区分开;(3)检测阶段:出现若干检测项(probe array)。被试的任务是保持记忆项的信息,并判断检测项与记忆项相比是否发生了变化。

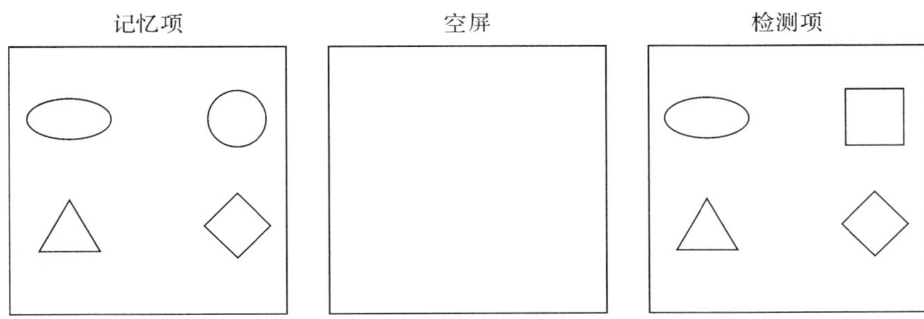

图 2-3 变化觉察范式流程

Luck 和 Vogel 等人最早使用变化觉察范式对视觉工作记忆容量进行了探讨,结果发现,当记忆 1～3 个由简单特征(如颜色)构成的客体时,记忆绩效均接近天花板水平,而当客体个数增加至 4 个或更多时,记忆绩效开始随客体个数的增加而降低。更为重要的是,即便当每个客体中的特征数增加至两个或四个时(如包含颜色、大小、朝向、缺口),记忆绩效仍然同记忆单特征一样。由此,Luck 和 Vogel 等人推论,视觉工作记忆的存储容量为 3～4 个客体,而与每个客体包含的信息量无关(Luck & Vogel,1997)。

Pashler(Pashler,1988)提出了根据记忆集大小 S、被试的击中率 $P(\mathrm{H})$ 和虚惊率 $P(\mathrm{FA})$ 计算被试视觉工作记忆容量的方法:$K=S\times\frac{P(\mathrm{H})-P(\mathrm{FA})}{1-P(\mathrm{FA})}$。

Cowan 则于 2000 年提出了与 Pashler 类似的另一个视觉工作记忆容量的计算公式:$K=S\times(P(\mathrm{H})-P(\mathrm{FA}))$。

本实验旨在掌握信号检测论在变化觉察范式中的应用，并了解变化觉察范式的特点，同时进一步探讨视觉工作记忆的特点及其容量的影响因素。

2.2 实验方法

2.2.1 被试

选取至少 40 名被试（男女各半）的实验数据进行分析。

2.2.2 仪器与材料

IBM-PC 计算机一台，认知心理学教学管理系统。本实验呈现的刺激材料是各种颜色的基本形状。基本形状有圆形、三角形、正方形、菱形、扇形、椭圆形和梯形共 7 种；颜色则有红色、绿色、蓝色、黄色、青色、粉色和白色共 7 种。刺激材料的大小为 1.8cm×1.8cm。

2.2.3 实验设计与流程

本实验采用三因素被试内设计。因素一为识记项目数（记忆集），该因素有 5 个水平，分别为：2 个、3 个、4 个、5 个和 6 个；因素二为形状变化，该因素有 2 个水平，分别为：变化和不变；因素三为颜色变化，该因素也有 2 个水平，分别为：变化和不变。

单次试验流程见图 2-4。首先，在屏幕中央呈现一个“＋”注视点。500～1000ms 后，注视点消失，而后呈现 2～6 个不同的形状（记忆项），各个形状均匀地分布在一个虚拟的圆周上，这些形状的颜色亦各不相同，500ms 后消失，空屏 1000ms，而后在随机其中一个位置上再次呈现一个形状（检测项）。

被试的任务是尽可能多地记住这些形状，并判断对应位置上的检测项与记忆项的形状是否相同（概率各 0.5），同时忽略检测项颜色可能发生的变化，并立即做出按键反应。如果形状相同按“J”键，形状不同则按“F”键。为了减少被试按键过程中的反应定势，生成的实验序列经 Wald-Wolfowitz 游程检验，显著性大于 0.10（双侧）。

被试做出按键反应后，会得到相应的反馈，指示被试反应正确与否及反应时。如果被试在字符出现后 3000ms 内不予以反应，程序将提示反应超时，告诉被试尽快反应。随机空屏 600～1300ms 后，自动进入下一次试验。

实验开始前，从正式实验中随机抽取 20 次作为练习，练习的时候，无论反应正确、错误或超时均有反馈，但结果不予以记录。练习的正确率达到 70%后进入正式实验。正式实验在被试做出正确反应后没有提示，反应错误或反应超时则会有提示。正式实验共有 388 次试验，分 4 组（每组 97 次），组与组之间分别有一段休息时间。正式实验结束后，进入错误补救程序，即将之前做错的试验再次呈现，直到被试全部反应正确为止。整个实验持续约50分钟。

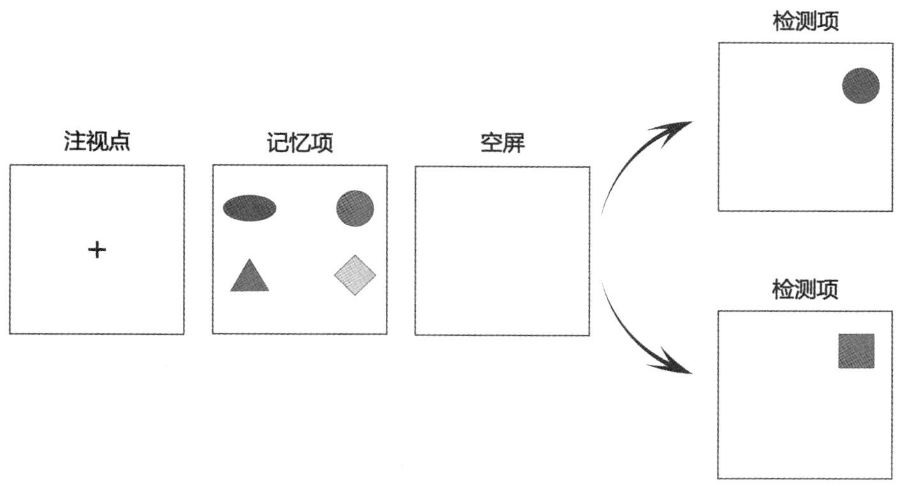

图 2-4　信号检测实验单次试验流程

2.3　结果分析

1. 分别计算不同记忆集条件下的被试的辨别力指数(d')、反应倾向(β)、判别标准(C)和反应时，并绘制折线图。

2. 分别计算不同记忆集条件下颜色变化和不变条件下的辨别力指数(d')、反应倾向(β)和判别标准(C)。

3. 以虚惊率 P(FA)为横坐标，击中率 P(H)为纵坐标，分别绘制不同记忆集条件下颜色变化和不变对应 ROC(操作者特性曲线)曲线。

4. 分别计算被试(男、女)在颜色变化和不变条件下形状的视觉工作记忆容量。

2.4　讨　论

1. 对比不同记忆集条件下颜色变化和不变条件下的正确率、反应时、辨别力指数(d')、反应倾向(β)和判别标准(C)，可以发现什么现象？(提示：无关变化干扰效应)

2. 信号检测论与传统心理物理法有何区别和联系？(结合补充阅读材料)

3. 信号检测论在心理学研究中有哪些应用？(结合补充阅读材料)

4*. 对比不同记忆集条件下颜色变化和不变条件下辨别力指数(d')，并绘制 ROC 曲线，可以发现什么现象？

5*. 进一步分析实验数据，你还可以发现什么现象？
（注：加 * 的题选做，全书同。）

2.5 结　论

结合讨论结果，给出本实验的研究结论。

2.6 思考题

1. 如何根据被试在不同记忆集（set size）条件下的击中率 $P(\mathrm{H})$ 和虚惊率 $P(\mathrm{FA})$（或漏报率 $P(\mathrm{M})$ 和正确拒斥率 $P(\mathrm{CR})$），推算被试的视觉工作记忆容量，请给出推理过程及最终的计算公式。并在此基础上，请对比 Cowan 公式与 Pashler 公式的差异所在及各自公式的适用条件。

2*. 在信号检测论标准模型下，证明反应偏向的测量指标 β（似然比）是判断标准 θ 的单调增函数。

3*. 当考虑不同结果的效用以及信号和噪声出现的相对概率时，请推导最优的判别标准 $\beta_{\mathrm{opt}}=\frac{P_{\mathrm{N}}}{P_{\mathrm{SN}}}\cdot\frac{U_{\mathrm{CR}}-U_{\mathrm{FA}}}{U_{\mathrm{H}}-U_{\mathrm{M}}}$。其中，$U_{\mathrm{CR}}>0$，$U_{\mathrm{H}}>0$，$U_{\mathrm{FA}}<0$，$U_{\mathrm{M}}<0$ 分别代表正确拒斥（CR）和击中（H）带来的正效用，以及虚惊（FA）和漏报（M）带来的负效用，P_{N} 和 P_{SN} 分别代表噪声单独出现以及信号和噪声同时出现的概率。

2.7 补充阅读材料

相关资料下载

2.8 意见与建议

对该实验程序，你有何意见与建议？

2.9 附　录

2.9.1 如何打开实验数据文件

实验数据文件放在安装程序目录下的 Signal Detection 文件夹下。数据文件名为"Sub_学生学号_学生姓名_信号检测实验_DATA.csv"。

2.9.2 实验数据文件说明

信号检测实验数据文件列名其含义见表 2-2。

表 2-2　信号检测实验数据文件列名及其含义

序号	列名	列名含义
1	ID	试验号
2	SubjectName	被试姓名
3	SubjectSex	被试性别
4	SubjectAge	被试年龄
5	SetSize	记忆集的大小(2～6)
6	ShapeChange	形状是否发生变化(NOChanged—不变,Changed—变化)
7	ColorChange	颜色是否发生变化(NOChanged—不变,Changed—变化)
8	ResponseChange	被试的反应(NOChanged—不变,Changed—变化)
9	TargetPosition	记忆项所在的位置(1～6)
10	TargetShape	记忆项的形状(Triangle—三角形,Circle—圆形,Trapezoid—梯形,Diamond—菱形,Ellipse—椭圆,Square—正方形,Sector—扇形)
11	TargetColor	记忆项的颜色(Yellow—黄色,Red—红色,Cyan—青色,White—白色,Blue—蓝色,Magenta—粉色,Green—绿色)
12	TestShape	检测项的形状(Triangle—三角形,Circle—圆形,Trapezoid—梯形,Diamond—菱形,Ellipse—椭圆,Square—正方形,Sector—扇形)
13	TestColor	检测项的颜色(Yellow—黄色,Red—红色,Cyan—青色,White—白色,Blue—蓝色,Magenta—粉色,Green—绿色)

续表

序号	列名	列名含义
14	ResponseKey	反应键(相同:J 键—默认;不同:F 键—默认)
15	ISResponseCorrect	反应是否正确(Correct—正确,Wrong—错误)
16	ISPressCorrectKey	是否按对键(PressRightKey—按对键,PressWrongKey—按错键,NoPressKey—没有按键)
17	ReactionTime	反应时(ms)
18	ISRepeated	是否需要错误补救(NonRepeated—不补救,Repeated—补救)
19	RepeatedReactionTime	错误补救后正确反应时(ms)
20	RepeatedTimes	错误补救次数

2.9.3 实验指导语

×××,您好!欢迎您参加"信号检测实验"。在进行本实验之前,请先将您的手机关闭或调成静音(会议)模式,谢谢您的配合。

以下是本次实验的注意事项:

1. 首先,屏幕上会呈现一个注视点,紧接着会在几个不同位置上出现几个不同形状的色块,一段时间后色块消失,空屏一段时间后,会在其中一个位置上再次出现一个色块,您的任务是判断该位置上前后两个色块的形状是否相同(不考虑颜色),若相同请按"J"键,不同请按"F"键。如果不习惯这两个键可以点击菜单"设定反应键(R)"进行调节。

2. 该任务是一个快速反应任务,故请务必先保证正确率。如果您反应很快,但错误率很高的话,您的数据是无法采用的。

3. 如有不明白的地方,请询问主试。

2.10 名词解释

1. *PZO* 转换表是标准正态分布下,通过给定的 *P* 值查询对应 *Z* 值和 *O* 值。该表可以借助 MS Excel 生成,由 *P* 值计算 *Z* 值,可用 NORMSINV 函数;由 *Z* 值计算 *O* 值,可用 NORMDIST 函数(详见本书参考材料)。

2. 无关变化干扰效应:无关特征维度发生变化时,被试的任务绩效受到影响的现象。在本实验中(记忆形状忽略颜色变化),颜色是否变化对被试辨别力和对判别标准或反应偏向的影响是不同的:颜色是否发生变化对被试辨别力的影响是有限的;但当颜色发生变化时,被试的击中率和虚惊率都会更大,表明被试的判断标准在放宽,暗示被试更倾向于做出变化的判定,可见无关维度的变化是会影响被试的反应的(详见补充阅读材料)。

第3章 视觉反应时实验

3.1 实验背景

反应时，又称反应潜伏期，是指刺激作用于有机体后到外部反应开始时所需要的时间。刺激作用于感官引起感官的兴奋，兴奋传到大脑，并对其加工，再通过传出通路传到运动器官，运动反应器接受神经冲动，产生一定反应，这个过程可用时间作为标志来测量，这就是反应时。反应时的研究已有近两百年的历史，最早始于1823年德国天文学家贝塞尔(F. W. Bessel)对"人差方程"(personal equation)的研究。1796年，格林尼治(Greenwich)皇家天文台的马斯基林(N. Maskelyne)发现他的助手金内布鲁克(D. Kinnebrook)观察星体通过子午线的时间总是比自己落后0.8s，他认为这是金内布鲁克粗心所致，因而将其辞退。后来此事引起德国柯尼斯堡(Konigsberg)天文学家贝塞尔(Bessel)的注意，他把自己的观察与其他著名天文学家进行比较，发现他们之间也存在误差，而这种误差并非个人的细心或粗心所致，而是源于个体差异。贝塞尔把人们之间观察时间上的个体差异以公式表示，称之为"人差方程式"。人差方程式的发现激发了人们对反应时间研究的兴趣，给早期的实验心理学提供了直接的研究课题。而后，生理学家赫尔姆霍茨(H. V. Helmholtz)在1850年实施了历史上第一个反应时的实验，成功测定了蛙的运动神经传导速度(约为26m/s)。其后又测定了人的神经传导速度约为60m/s。据此，他认为神经传导所占据的时间是很短的，而整个反应时却比较长且变动很大。1873年奥地利生理学家埃克斯纳(S. Exner)指出了预备性定势对反应时的重要性，同时正式提出了"反应时间"这一术语。

将反应时正式引入心理学领域的是荷兰生理学家唐德斯(F. C. Donders)，他意识到可以利用反应时来测量各种心理活动所需的时间，并发展了三种反应时任务，后人将其称为唐德斯反应时ABC——简单反应时、选择反应时和辨别反应时三类。

简单反应(唐德斯A反应)是指给被试呈现单一的刺激，只要求做单一的反应，并且两者是固定不变的，这时刺激与反应间的时距就是简单反应时。赫希(A. Hirsch)在

1861—1865 年测量了视觉、听觉与触觉的“生理时间”，得到简单反应时的数值：视觉为 180ms，听觉为 140ms，触觉为 140ms，这些数据到今天还算是相当准确的。

选择反应（唐德斯 B 反应）是指可能呈现的刺激不止一个，对每个刺激都要求被试做一个不同的反应，但刺激事件是随机呈现的。被试既要辨别当前出现的是哪个刺激，又要根据出现的刺激选择事先规定的反应。在选择反应中，选择数越多，则选择反应时越长，选择任务愈复杂，则反应时也愈长。

而辨别反应（唐德斯 C 反应）是指刺激呈现两个或多个，而要求被试只对其中一个指定的刺激做出反应，对其他刺激不做反应。

简单反应时又称基线时间（包括刺激确认的时间和反应执行的时间），辨别反应时则是基线时间加上对刺激的辨别时间，而选择反应时则是基线时间加上对刺激的辨别时间和反应的选择时间。三类反应时存在如下关系：简单反应时（A 反应时）<辨别反应时（C 反应时）<选择反应时（B 反应时）。因此，根据减数法可以分析 A、B、C 三种反应时，得出：刺激的辨别时间＝C 反应时－A 反应时；反应的选择时间＝B 反应时－C 反应时。A、B、C 三种反应时关系如图 3-1 所示。

本实验旨在对视觉反应时实验进行验证，了解影响反应时的因素以及简单反应时、选择反应时和辨别反应时三种反应时的联系与区别，并进一步探讨反应时范式对当代心理学研究的影响。

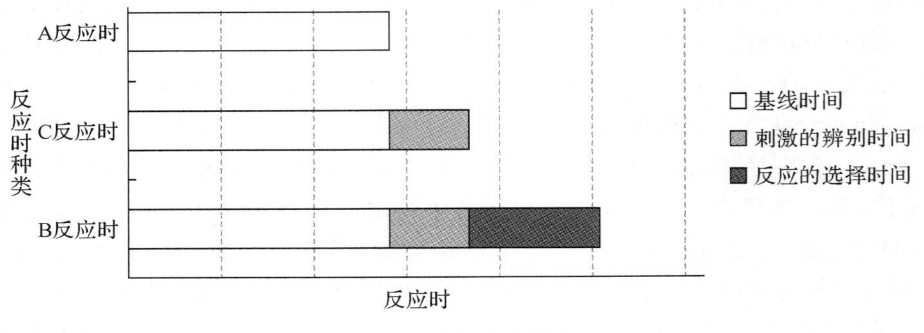

图 3-1　唐德斯减数法

3.2　实验方法

3.2.1　被试

选取至少 30 名被试（男女各半）的实验数据进行分析。

3.2.2 仪器与材料

IBM-PC 计算机一台，认知心理学教学管理系统。本实验呈现的刺激材料是红、绿、蓝三种色块。色块的大小为 2cm×2cm。

3.2.3 实验设计与流程

本实验包含三个子实验：简单反应时实验、选择反应时实验和辨别反应时实验。

三个实验均属于单因素被试内设计。自变量为刺激的颜色，共有 3 个水平：红色、绿色和蓝色，因变量为反应时。

3.2.3.1 简单反应时实验

简单反应时实验单次试验流程见图 3-2。首先，在屏幕上呈现一注视点，随机 1000～2000ms 后，注视点消失，而后呈现某一色块（红、绿、蓝）。

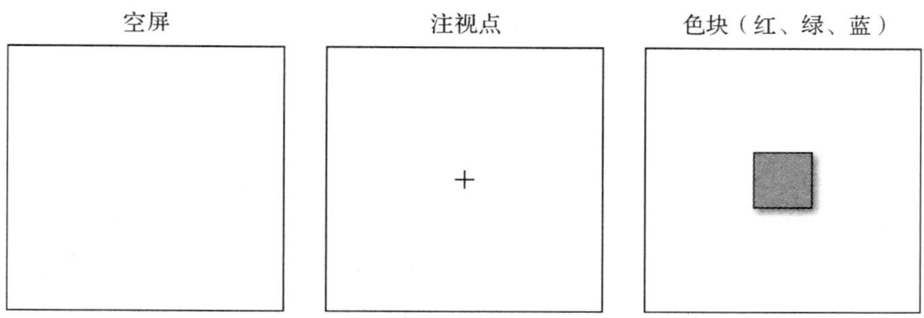

图 3-2 视觉反应时实验单次试验流程

被试的任务是对出现的色块（红、绿、蓝）立即做出按键反应，而不管色块的颜色。反应键默认“J”键。被试做出按键反应后，会得到相应的反馈，指示被试反应正确与否及反应时。如果被试在色块出现后 800ms 内不予以反应，程序将提示反应超时，告诉被试尽快反应。随机空屏 500ms 后，自动进入下一次试验。

实验开始前，从正式实验中随机抽取 20 次作为练习，练习的时候，无论反应正确、错误或超时均有反馈，但结果不予以记录。练习的正确率达到 90%后进入正式实验。正式实验在被试做出正确反应后没有提示，反应错误或反应超时则会有提示。正式实验共有 120 次试验，分 4 组（每组 30 次），组与组之间分别有一段休息时间。正式实验结束后，进入错误补救程序，即将之前做错的试验再次呈现，直到被试全部反应正确为止。整个简单反应时实验持续约 10 分钟。

3.2.3.2 选择反应时实验

选择反应时实验单次试验流程见图 3-2。首先，在屏幕上呈现一注视点，随机 1000～2000ms 后，注视点消失，而后呈现某一色块（红、绿、蓝）。

被试的任务是对出现的色块（红、绿、蓝）分别做出按键反应。红色色块的反应键默认是“H”键，绿色色块的反应键默认是“J”键，而蓝色色块的反应键默认则是“G”键。为了减少被试按键过程中的反应定势，生成的实验序列经 Wald-Wolfowitz 游程检验，显著性大于 0.10（双侧）。

被试做出按键反应后，会得到相应的反馈，指示被试反应正确与否及反应时。如果被试在色块出现后 1000ms 内不予以反应，程序将提示反应超时，告诉被试尽快反应。随机空屏 500ms 后，自动进入下一次试验。

实验开始前，从正式实验中随机抽取 20 次作为练习，练习的时候，无论反应正确、错误或超时均有反馈，但结果不予以记录。练习的正确率达到 90%后进入正式实验。正式实验在被试做出正确反应后没有提示，反应错误或反应超时则会有提示。正式实验共有 120 次试验，分 4 组（每组 30 次），组与组之间分别有一段休息时间。正式实验结束后，进入错误补救程序，即将之前做错的试验再次呈现，直到被试全部反应正确为止。整个选择反应时实验持续约 15 分钟。

3.2.3.3 辨别反应时实验

辨别反应时实验分为三个部分，分别是：红色辨别反应时实验，绿色辨别反应时实验和蓝色辨别反应时实验。之所以将辨别反应时实验分开三部分呈现，目的是减少不同辨别反应任务间的负启动效应。单次试验流程见图 3-2。首先，在屏幕上呈现注视点，随机 1000～2000ms 后，注视点消失，而后呈现某一色块（红、绿、蓝）。

被试的任务是对出现的目标色块（红色或绿色或蓝色）尽快做出按键反应，而忽略非目标色块。其中，在红色辨别反应实验中，红色色块的反应键默认是“H”键；在绿色辨别反应实验中，绿色色块的反应键默认是“J”键；而在蓝色辨别反应实验中，蓝色色块的反应键则默认是“G”键。出现目标色块时，被试需做相应的按键反应，出现非目标色块时，无须做按键反应。如果被试在目标色块出现后 800ms 内不予以反应，程序将提示反应超时告诉被试需尽快反应，如果被试在非目标色块出现时做出按键反应，程序将提示反应错误；如果不做反应则 800ms 后，程序将提示反应正确。随机空屏 500ms 后，自动进入下一次试验。

红、绿、蓝三部分辨别反应时实验开始前，均需练习，以减少负启动效应的影响。从正式实验中随机抽取 20 次作为练习，练习的时候，无论反应正确、错误或超时均有反馈，但结果不予以记录。练习的正确率达到 90%后进入正式实验。正式实验在被试做出正确反应后没有提示，反应错误或反应超时则会有提示。正式实验共有 120 次试验，分 4 组（每组 30 次），组与组之间分别有一段休息时间。正式实验结束后，进入错误补救程序，即将之前做错的试验再次呈现，直到被试全部反应正确为止。整个辨别反应时实验（共三部分）持续约 30 分钟。

3.3 结果分析

1. 分别计算简单、选择和辨别三种反应的平均反应时。

2. 以反应时种类(简单、选择和辨别)为横坐标,反应时为纵坐标,绘制柱形图。考察其是否存在差异。

3. 分别计算三种反应时(简单反应时、选择反应时、辨别反应时)实验中不同色块的反应时,考察其是否存在差异。

3.4 讨　论

1. 简单、选择和辨别三种反应时的差别说明了什么问题?

2. 结合本次实验,分析影响反应时的因素。

3. 反应时研究范式的引入对当代心理学研究有何影响?

4*. 使用唐德斯反应时分析法对各个心理加工阶段的时间进行分析时,需作何假定?

5*. 进一步分析实验数据,你还可以发现什么现象?

3.5 结　论

结合讨论结果,给出本实验的研究结论。

3.6 思考题

在没有计时器和计算机的条件下,如何粗略测定自己的反应时?

3.7 补充阅读材料

补充阅读

3.8 意见与建议

对该要实验程序,你有何意见与建议?

3.9 附　录

3.9.1 如何打开实验数据文件

实验数据文件放在安装程序目录下的 ReactionTime 文件夹下。全部实验结束,实验程序会产生 3 个数据文件,分别是:简单反应时数据文件、选择反应时数据文件和辨别反应时数据文件(辨别反应时的数据文件是红色、绿色和蓝色三个辨别反应数据文件的合并文件)。简单反应时数据文件名为"Sub_学生学号_学生姓名_反应时实验_DATA _简单反应时. csv";选择反应时数据文件名为"Sub_学生学号_学生姓名_反应时实验_DATA _选择反应时. csv";辨别反应时数据文件名为"Sub_学生学号_学生姓名_反应时实验_DATA _辨别反应时. csv"。

3.9.2 实验数据文件说明

视觉反应时实验数据文件列名及其含义见表 3-1。

表 3-1 视觉反应时实验数据文件列名及其含义

序号	列名	列名含义
1	ID	试验号
2	SubjectName	被试姓名
3	SubjectSex	被试性别
4	SubjectAge	被试年龄
5	StimulusColor	呈现色块的颜色(Red—红色、Green—绿色、Blue—蓝色)
6	ResponseKey	反应键(简单:J 键—默认;选择:G 键—默认、H 键—默认、J 键—默认;辨别:G 键—默认、H 键—默认、J 键—默认)
7	ISResponseCorrect	反应是否正确(Correct—正确,Wrong—错误)

续表

序号	列名	列名含义
8	ISPressCorrectKey	是否按对键(PressRightKey—按对键,PressWrongKey—按错键,NoPressKey—没有按键)
9	ReactionTime	反应时(ms)
10	ISRepeated	是否需要错误补救(NonRepeated—不补救,Repeated—补救)
11	RepeatedReactionTime	错误补救后正确反应时(ms)
12	RepeatedTimes	错误补救次数

3.9.3 实验指导语

×××,您好！欢迎您参加“视觉反应时实验”。在进行本实验之前,请先将您的手机关闭或调成静音(会议)模式,谢谢您的配合。

以下是本次实验的注意事项：

1. 本实验由三个子实验组成,分别是:简单反应时实验、选择反应时实验和辨别反应时实验。

2. 简单反应时实验注意事项:首先屏幕上会呈现一个注视点,而后会出现一个色块,这个色块的颜色可能是绿色、红色或蓝色,您的任务是对出现的色块做出反应,反应键为“J”键。如果不习惯这些按键可点击菜单“设定反应键(R)”进行调节。

3. 选择反应时实验注意事项:首先屏幕上会呈现一个注视点,而后会出现一个色块,这个色块的颜色可能是绿色、红色或蓝色,您的任务是对出现的色块分别做出反应,绿色的反应键为“J”键,红色的反应键为“H”键,蓝色的反应键为“G”键。如果不习惯这些按键可点击菜单“设定反应键(R)”进行调节。

4. 辨别反应时实验注意事项:首先屏幕上会呈现一个注视点,而后会出现一个色块,这个色块的颜色可能是绿色、红色或蓝色,您的任务是仅对指定的色块做出反应,其他色块不做反应。绿色的反应键为“J”键,红色的反应键为“H”键,蓝色的反应键为“G”键。如果不习惯该按键可点击菜单“设定反应键(R)”进行调节。

5. 上述三个任务均是快速反应任务,但务必先保证正确率。如果您的反应很快,但错误率很高的话,您的数据是没办法采用的。

6. 如有不明白的地方,请询问主试。

3.10 名词解释

1. 减数法(subtractive method)是一种用减法方法将反应时分解成各个成分,据此

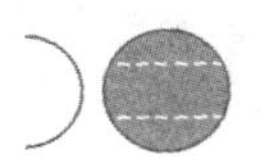

分析信息加工过程的方法。它是由唐德斯首先提出的，故又称唐德斯减数法(Donders subtractive method)。减数法反应时实验的逻辑是：如果一种作业包含另一种作业所没有的某个特定的心理过程，且除此过程之外两者在其他方面均相同，那么这两种反应时的差即为此心理过程所需的时间。

2. 负启动效应(negative priming，NP)是指当第 N 次试验中被忽略的干扰项成为第 $N+1$ 次试验中的靶子，被试对该靶子的反应时比对无关靶子(控制组)的反应时要长的现象。

第 4 章 闪光融合频率与光强的关系实验

4.1 实验背景

早在 18 世纪，有人就发现了视觉图像的暂留现象。当时把一块炽热的燃料绑在带子的一端，在黑暗中加速转圈，当达到一定转速时，光点就变成连续的光圈。如果用电筒来试，也能达到同样的结果。若要计算视觉图像暂留时间，只要知道看到光圈时转动速度即可。当一个间歇频率较低的光刺激作用于我们的眼睛时，会产生一种一亮一暗的闪烁感觉，随着光的刺激的间歇频率逐渐增大，闪烁现象就会消失。由粗闪变成细闪，当每分钟闪光的次数增加到一定程度时，人眼就不再感到闪光而是感到一个完全稳定的或连续的光，这一现象称为闪光融合(flicker fusion)。闪烁刚刚达到融合时的光刺激间歇的频率称为闪光临界融合频率(critical flicker frequency，CFF)。闪光临界融合频率是人眼对光刺激时间分辨能力的指标，是物理刺激与生理心理机能相互作用的结果，是受刺激的时空因素以及机体状态制约的感觉过程。不同人的 CFF 的差异相当大，一般人的临界频率为 30～55Hz，这个数据告诉我们差异可达一倍左右。

这种时滞的存在对于我们知觉物体是一种优点。若我们的眼睛在时间上具有完全的分辨能力，那么我们在现代的交流电的灯光下，任何物体都将显得闪烁了。例如，电影画面每秒钟放映 24 幅，这个频率对许多人而言远达不到临界，为了避免闪烁，就得通过一幅画面连续闪烁三次。这样，虽然每秒仅 24 幅画面，但人们受到的刺激速率却是每秒 72 次的闪光，因而我们看到的就不再是闪烁的光。

闪光临界融合频率最早是用制成扇形的圆盘在光源前旋转来测定的，该法称为转盘闪烁方法(rotation disc flicker method)。转盘闪烁方法在测试时由被试者控制转速，旋转慢时，可以看到间断的闪光，但是达到一定速度就可以感到连续的光亮，此时所对应的闪光频率即闪光临界融合频率。这种闪烁还可以测量闪光强度。用转盘闪烁方法测量 CFF 的缺点是，由于光源来自外部，光源即使照射到黑的部分也会有光反射出来，因此，亮度控制较差，转速的频率测量有时也不太准确。电子技术的发展已使闪光临界

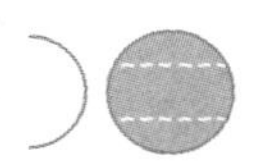

融合频率的测定有了更完善的仪器。用现代的电子仪器，实验者可以随意呈现由不同电脉冲组成的刺激。这些刺激的波形可以是脉冲波、方波、正弦波、锯齿波和三角波等。通过改变电信号的波幅，就可以改变电信号对光信号进行调制时的图形亮度，改变电信号的周期就可以获得图形呈现的不同频率，改变电信号相位就可以改变图形中黑白部分的比例。实践证明，用这些方法能够精确控制亮度、频率和亮度间隔，而且结果是稳定的，功能也多样化。例如，光源也可用不同的色光，等等。

闪光临界融合频率是很复杂的现象，目前其生理机制还在探索之中，但它是一种较有用的视觉生理指标。我国一些研究者曾采用闪光临界融合频率作为视觉疲劳指标进行研究，研究结果表明，在海拔 2000～4000m 高的路上驾车，经 6 小时工作后，闪光临界融合频率将明显下降。同时它也是电影、电视放映的一个重要参数。当其他条件相同时，若闪光临界融合频率越高，就表明眼睛对于时间上的明暗变化的分析能力越强，也可以说，对时间的视敏度越好。

影响闪光临界融合频率的因素很多，主要有以下几种。

(1)光相的强度

闪光临界融合频率随光相的强度增高而增高。闪光在时间和强度上可分为二相，一为暗相，一为光相。假如暗相强度为零，则闪光临界融合频率和光相强度的对数成正比：$n=a\lg I+b$。式中，n 为闪光临界融合频率；I 为光相的强度；a 和 b 为参数。

此公式称为费里-波特定律(Ferry-Porter Law)。此定律和费希纳定律在形式上有相似性，这种相似性表明闪光临界融合频率也是一种强度关系，但也只适用于中等强度，当光相的强度太大或太小，此公式就不适用了。闪光临界融合频率在低光强度时，可低至 5Hz；在高强度时，可高至 50～55Hz。

(2)刺激面积

小面积的闪光临界融合频率比大面积的闪光临界融合频率来得低。闪光临界融合频率随闪光照射的区域面积的增大而增大。和上述随强度的增加而提高一样，两者也有同样的对数关系：$n=C\lg A+d$。式中，A 为面积；C 和 d 为参数。大面积具有较高的闪光临界融合频率，这一事实也是空间累积的进一步证明。

(3)视觉细胞

在视网膜中，杆体细胞和锥体细胞的闪光临界融合频率是不同的。总的说来，当刺激区域小时，闪光临界融合频率在中央凹处比在边缘处高，这表明锥状细胞比杆状细胞有更高的空间视觉敏度。

(4)其他

另外，一些附加刺激的作用，如声音、味觉、嗅觉等刺激都可以改变闪光临界融合频率。研究表明，年龄、疲劳、缺氧等因素都影响到闪光临界融合频率，例如 55 岁以上的人的闪光临界融合频率相对较低，视觉疲劳及缺氧也会降低闪光临界融合频率。

本实验旨在考察光强对闪光临界融合频率 CFF 的影响，并验证费里-波特定律。

4.2 实验方法

4.2.1 被试

选取至少 50 名被试的实验数据进行分析。

4.2.2 仪器与材料

BD-Ⅱ-118 型电子亮点闪烁仪(闪光融合频率计)及 IBM-PC 计算机一台和 CFF 表头文件。实验前调节背景光强度为 1 及亮点闪烁的亮黑比为 1∶1,并在实验过程中保持不变。

4.2.3 实验设计与流程

本次实验为 4×3 两因素被试内设计,因素一为光强,该因素有 4 个水平,分别为:1,1/2,1/4,1/8;因素二为色光,该因素有 3 个水平,分别为:红(R)、绿(G)、蓝(B)。因变量是被试的闪光临界融合频率 CFF。

为抵消不同光强和色光的顺序效应,将所有被试分为 4 人一组,光强顺序按 4×4 拉丁方设计,每个被试的色光顺序按"红绿蓝"、"绿蓝红"、"蓝红绿"随机安排,同时每种实验条件下的光强分为递增和递减序列随机系列进行,各做 4 次,按 ABBA 系列进行,共计 48 次。

4.3 结果分析

以光强对数为横坐标,CFF 为纵坐标作图,绘制折线图,计算回归方程,并验证费里-波特定律。

4.4 讨　论

1. 一般交流电每秒变换多少次,为什么用交流电照明不觉得闪烁?
2. 用 CFF 作为视觉疲劳的指标尚有争议,如何设计实验来回答这个问题?
3. 用图解说明 CFF 和明度差别阈限的关系。

4.5 结　论

结合讨论结果，给出本实验的研究结论。

4.6 意见与建议

对该实验，你有何意见与建议？

4.7 补充阅读材料

补充阅读

4.8 附　录

4.8.1 CFF 数据文件

记录数据文件名为“Sub_学生学号_学生姓名_CFF_DATA.csv”。

4.8.2 CFF 数据文件说明

CFF 数据文件列名及其含义见表 4-1。

表 4-1　CFF 数据文件列名及其含义

序号	列名	列名含义
1	ID	试验号
2	SubjectName	被试姓名

续表

序号	列名	列名含义
3	SubjectSex	被试性别
4	SubjectAge	被试年龄
5	Intensity	光强(1、1/2、1/4、1/8)
6	Color	色光(Red—红光,Green—绿光,Blue—蓝光)
7	OperationSeries	光强调节系列(IncreaseSeries—递增系列,DecreaseSeries—递减系列)
8	IniFrequency	初始频率(Hz)
9	EndFrequency	最终频率(Hz)

4.8.3 实验指导语

本实验指导语从略。

4.8.4 仪器技术指标

BD-Ⅱ-118 型电子亮点闪烁仪(闪光融合频率计):可以测量闪光融合临界频率,确定辨别闪光能力的水平,即视觉时间的视敏度。还可以检验闪光的色调、强度、亮黑比以及背景光的强度发生变化时对闪光融合临界频率的影响。

主要技术指标:

(1)亮点闪烁频率:4.0～60.0Hz,0.1Hz 分档可调,三位数字显示,误差小于0.1Hz;

(2)亮点颜色:红、黄、绿、蓝、白五种可选,亮点直径:ϕ2mm;

(3)亮点观察距离:约 500mm;

(4)背景光:白色,强度分四档可调 1、1/4、1/16 与全黑;

(5)亮点波形:方形;

(6)亮点闪烁亮黑比:1∶3、1∶1、3∶1 三档;

(7)亮点光强度:1、1/2、1/4、1/8、1/16、1/32、1/64 七档;

(8)外形尺寸:300mm×150mm×250mm;

(9)工作条件:电源为交流 220V±22V,50Hz±1Hz,相对湿度≤8.5%;

(10)功耗:5W。

该仪器由两部分组成:被试观察部分由一个观察筒、调节亮点闪烁频率的“频率调节”增减按钮和一个“选色”旋钮组成;主试操作面板上方有亮点闪烁频率的三位数字显示,在面板下部从左边分别是闪光亮点“强度”、亮点“亮黑比”、“背景光”亮度三个旋钮。

第5章 深度知觉实验

5.1 实验背景

人类视觉系统是一个功能完善的高级信息处理系统。外部世界的视觉信息，通过眼睛光学系统成像于视网膜，由视网膜将随空间与时间明暗变化的光流分布转换成生物电信号，经过多输入的视觉神经网络的并行加工，实时地抽取目标的空间形状、颜色及运动信息，最终产生各种视知觉。此外人眼还有一个特殊功能就是有深度知觉(depth perception，DP)。深度知觉是指人对物体远近距离即深度的知觉，又称立体知觉或距离知觉。我们知道，人眼的网膜是一个二维空间的表面，但是这个二维空间的网膜上却能看出一个三维的视觉空间，即人眼能够在只有高和宽的二维空间视像的基础上看出深度。这是因为人在空间知觉中依靠许多客观条件和机体内部条件来判断物体的空间位置，这些条件称为线索(cues)。

在判断距离过程中起作用的条件主要有三类：生理调节线索、单眼线索和双眼线索。生理调节线索也叫肌肉线索，包含眼睛的调节和双眼视轴辐合；单眼线索也叫物理线索，包括大小、遮挡、线条透视、空气透视、光亮与阴影、纹理梯度和运动视差等；双眼线索主要是双眼视差(binocularparallax)。

双眼视差是指物体映像落在两眼视网膜对应位置上的差异，基于双眼视差的深度知觉又称立体视觉(stereopsis)。人们知觉近处物体的距离与深度主要依赖于视差线索。正常成年人的瞳距约为65mm。当人们将两眼视轴辐合于前方某一物体时，注视点影像将落在两眼网膜的对应点上。在此注视点下，将落于两眼网膜对应点位置的空间点轨迹所构成的一个假想曲面，称为视觉单像区(horopter)。如果物体表面处于视觉单像区曲面之外，则物体在两眼网膜上的影像将落于非对应点上，两点之间的位置差异就构成不同程度的视差(见图 5-1)。

一般来说，双眼视差的形成取决于许多因素，如物体的三维结构、视角、视距以及双眼的辐合角等。双眼视差包括水平视差与垂直视差。水平视差是由于两眼水平位置的不同而引起视像对应点水平上的差异(见图 5-1)。垂直视差则是指两眼视像垂直方向上的差异。这种差异主要来自对象与两眼距离的细微差别。它是知觉立体物体和两个物体前后相对距离的重要线索,借助于双眼视差比借助上述各种线索更能精细地知觉相对距离,特别是在缺乏其他线索来估计对象距离的时候,双眼视差更为重要。距离和深度知觉主要是双眼的机能。

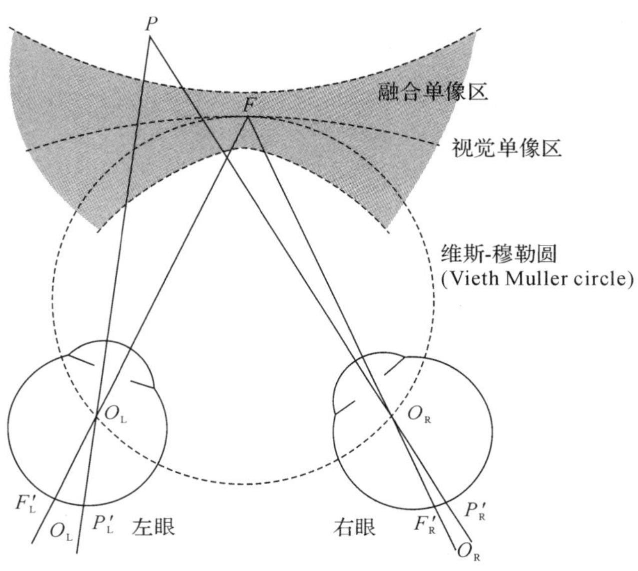

图 5-1　双眼水平视差,观察者向前注视 F 点的俯视图
(阴影部分为融合单像区(panum))

如图 5-1 所示,对于 P 点的绝对水平视差 δ 可以用注视点 F 与两眼的张角和 P 点与两眼的张角之差来确定,即有:

$$\delta = \angle F_L{}'FF_R{}' - \angle P_L{}'PP_R{}'$$

其中 F' 与 P' 分别为注视点 F 与点 P 在两眼的投影,下标 L、R 分别表示左右眼。若是对称辐合,则 δ 也可近似表示成(当 $D>d$ 时成立):

$$\delta \approx ad/D^2$$

其中 a 为瞳距,d 为对应点 P 与注视平面的相对深度,D 为视距。

相对注视点 F,P 点的视差梯度 G 定义为 P 点与 F 点在左右两眼的张角之差与两张角平均值之比,也即:

$$G = \frac{(\angle PO_LF - \angle PO_RF)}{(\angle PO_LF + \angle PO_RF)/2}$$

深度视锐(depth visual acuity)是指能够辨别两个处于不同距离上物体之间距离的能力。深度视锐是双眼视差对距离或深度的最小辨别阈限。

对深度视锐的测定一般用霍瓦-多尔曼知觉仪,或称深度知觉仪。它是根据黑尔姆霍兹三针实验(three-needle experiment)原理而制成的。此仪器可测量人视觉深度知觉的能力(深度知觉敏锐度)。该仪器上有一固定的立柱,在它旁边还有一个可以前后移动的立柱。仪器上标有刻度,可读出活动立柱与固定立柱之间的距离。被试在 2m 处通过仪器上的一个观察窗观察这两根立柱,并对活动立柱进行调节,使之与固定立柱看起来在同一距离上。实验中要排除其他深度线索,只让双眼视差起作用。

设 P 和 Q 为仪器上两个立柱,它们距离观察者的距离分别为 y 和 $y-x$,a 为瞳距(如图 5-2 所示)。双眼深度视锐可用视角差表示,视角差 n 定义为对近物体的辐合角 c_1 减去对远物体的辐合角 c_2,用公式表示即为:

$$n=\frac{a}{y-x}-\frac{a}{y}=\frac{ax}{y(y-x)}\times 1(\text{弧度})=\frac{180}{\pi}\times 3600\times\frac{a\cdot\Delta D}{D(D+\Delta D)}(\text{弧秒})$$

$$=206265\times\frac{a\cdot\Delta D}{D(D+\Delta D)}(\text{弧秒})$$

其中 D 为观察距离,ΔD 为距离误差,a 为瞳距,取 65mm。

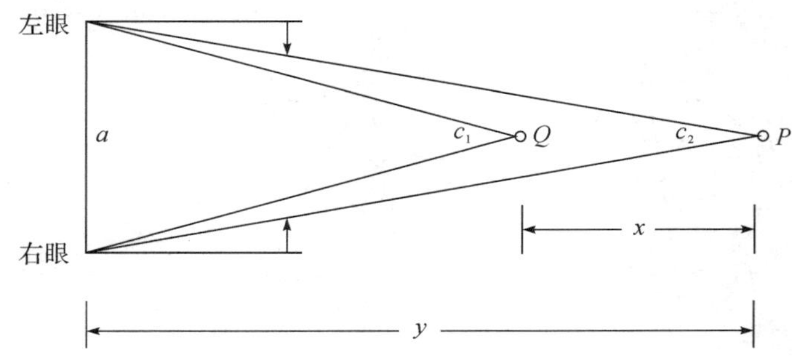

图 5-2 深度视锐的测定

双眼深度视锐受照明条件的影响,良好的照明条件可以提高深度视锐。例如在良好的条件下,视力良好的观察者可以辨别 $n=2$ 弧秒的深度距离。根据虞积生等(1980)的资料表明,人眼在观察距离为 6m 时,深度阈限的平均值为 2.94 弧秒,标准差为 1.79 弧秒。

本实验旨在学习使用深度知觉仪,并比较单眼和双眼在辨别远近方面的差异。

5.2 实验方法

5.2.1 被试

选取 30 名被试的实验数据进行分析。

5.2.2 仪器与材料

BD-Ⅱ-104A 型深度知觉仪（霍瓦-多尔曼深度知觉测量仪）及 IBM-PC 计算机一台和 DP 表头文件。

5.2.3 实验设计与流程

本实验以单因素被试内设计，因素为单双眼线索。因变量是被试辨别远近的距离误差，即活动棒与固定棒之间的距离。

实验时，刺激为距离被试双眼约 2m 处的可由观察窗看到的 2 根固定棒和 1 根可以在固定棒前后各 20cm 范围内平行移动的活动棒组成。活动棒有两种活动方式：由远及近和由近及远（深度知觉的观察方向）。为抵消不同观察方式（单双眼）和活动棒活动方式之间的顺序效应，将所有被试进行分组，每组 2 名被试，分别以双眼→单眼、单眼→双眼顺序进行实验；每个被试采用 ABBA 法平衡深度知觉的方向（每次比较刺激的起点不能相同），每个观察方向各 4 次，因此，单双眼各 20 次，总计 40 次。

5.3 结果分析

1. 分别求出双眼和单眼辨别远近的误差的平均数，检验两者差异的显著性。
2. 计算在双眼观察条件下的深度阈限视角差。

5.4 讨　论

1. 双眼视差在深度知觉中有何作用？试举例说明。
2. 根据实验结果，说明单眼与双眼在辨别远近中的差别与原因。
3. 霍瓦-多尔曼深度知觉测量仪有何缺点，应如何进行改进？

5.5 结　论

结合讨论结果，给出本实验的研究结论。

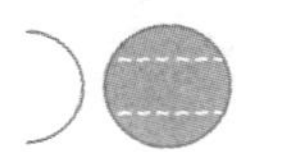

5.6 意见与建议

对该实验程序，你有何意见与建议？

5.7 补充阅读材料

补充阅读

5.8 附　录

5.8.1 DP 数据文件

记录数据文件名为“Sub_学生学号_学生姓名_DP_DATA.csv”。

5.8.2 DP 数据文件说明

DP 数据文件列名及其含义见表 5-1。

表 5-1　DP 数据文件列名及其含义

序号	列名	列名含义
1	ID	试验号
2	SubjectName	被试姓名
3	SubjectSex	被试性别
4	SubjectAge	被试年龄
5	ObservationSeries	活动棒调节系列（IncreaseSeries—由远到近系列，DecreaseSeries—由近及远系列）

续表

序号	列名	列名含义
6	Eye	单双眼线索(ocellus—单眼线索,binoculus—双眼线索)
7	IniPosition	活动棒初始位置
8	EndPosition	活动棒最终位置

5.8.3 实验指导语

本实验指导语从略。

5.8.4 仪器技术指标

BD-Ⅱ-104A 型深度知觉仪(霍瓦-多尔曼深度知觉测量仪):该仪器可测量人的视觉深度知觉的能力。它可以广泛地应用于飞行员、炮手、运动员、汽车驾驶员以及其他和深度知觉有关的工作人员的测试或选拔。

主要技术指标:

(1)3 根垂直的竖棒,位于两侧固定的 2 根为标准刺激,电机驱动的位于中间的 1 根为变异刺激;

(2)一个操作竖棒移动的手键,手键上有“前进”、“后退”两个按键;

(3)变异刺激的移动速度为 25mm/s、50mm/s 快速、慢速两档,移动范围为±200mm,准确度为 1mm;

(4)标准刺激标尺位置:0mm、前 200mm、后 200mm,变异刺激与标准刺激的横向距离为 45mm;

(5)观察窗尺寸:110mm×20mm;

(6)荧光灯:1 支,12W;

(7)外形尺寸:605mm×200mm×220mm。

第6章 内隐联合测验实验

6.1 实验背景

6.1.1 IAT概述

内隐社会认知起源于内隐记忆的相关研究，是新近兴起的社会认知领域的研究热点。由于内隐社会认知发生的过程具有无意识、自动化的特征，因此，很难通过传统的自陈式量表直接进行测量。在内隐社会认知研究方面比较常用的间接测量方法有句子填充法、投射测验法、传记分析法、反应时法和情景测验法等。

内隐联合测验（implicit association test，IAT）是 Greenwald 等人（Greenwald，McGhee，Schwartz，1998）于 1998 年提出的一种计算机化的辨别分类任务，采用反应时为指标，通过测量概念词和属性词之间联系的紧密程度，从而推断个体内隐态度的一种新的研究方法，是反应时范式在社会认知研究中的拓展。其基本原理是当两个概念联系紧密时，人们容易对其样例做同一反应；反之，当两个概念联系不紧密甚至存在冲突时，对它们的样例做同一反应则较为困难。利用人们对不同概念的样例做同一反应的难易程度便可获得个体对不同概念的内隐认知层面上的联系强度。

在经典 IAT 范式中，要求被试对呈现的刺激（文字或图片）进行分类，并记录反应时。刺激材料分属两类词：概念词与属性词。例如，花卉（如玫瑰、月季）和昆虫（蚂蚁、蜘蛛）构成了概念词，而积极（快乐、奖励）和消极（灾难、悲伤）则构成属性词。测验中包含两类任务：相容任务（compatible task）和不相容任务（incompatible task）。相容和不相容是针对被试的内隐认知结构而言的，前者指被归为一类中的概念词和属性词与被试的内隐认知结构相一致（例如，花卉对应积极、昆虫对应消极），而后者则相反（例如，花卉对应消极、昆虫对应积极）。因此，在相容任务中，概念词和属性词在被试内隐认知结构中联系紧密，表现为被试的联合任务的反应时较短；而在不相容任务中，由于概念

词和属性词会引起被试的认知冲突，从而导致联合任务的反应时延长。最后，这两类任务的平均反应时之差即反映了被试的内隐态度。

由于IAT克服了句子填充、投射测验、传记分析法和情景测验法等难以量化、主观性强、缺乏良好效信度等缺点，因此，其研究范式在内隐社会认知的研究领域(自尊、刻板印象、自我概念等)中被广泛采用(Greenwald，Farnham，2000；Greenwald，Nosek，2001)。

6.1.2　IAT的特点

在IAT范式产生之前，在内隐社会认知研究领域产生了诸多的实验范式：(1)反应时范式。常见的反应时范式有：评价性启动任务(evaluative priming task)(Fazio et al.，1986)、情感性西蒙任务(affective simon task，AST)和外加情感性西蒙任务(extrinsic affect simon task，EAST)(Houwer，2003)、情绪性Stroop任务(emotional stroop task)等。(2)内隐记忆研究范式，这类范式主要源于内隐记忆方面的研究，要求被试完成特定的言语加工任务，通过被试完成任务的数量和质量来推测其态度或观念。主要有：词干补笔(word stem completion)，姓名字母偏好效应，词汇判断任务(lexical decision task)。(3)生理反应范式，即通过测量被试的各种生理反应指标来了解其内隐社会认知的情况。常见的测量指标有：肌电、皮肤导电性、惊吓眨眼反射、心血管反应水平、瞳孔的收缩与扩张以及ERP、fMRI等。可见，上述范式可谓种类繁多，然而真正获得广泛应用的却只有IAT范式。这主要是由于IAT有以下两方面的优势。

(1)范式的高适应性

由于IAT可以使用词汇或图形来表征绝大多数的概念，因此它既可以用来测量各种内隐态度，如种族、年龄、性别、民族、政治团体等，又可以用来测量各种刻板印象，如性别—学科、性别—强弱等，还可以用来测量内隐自尊和各种自我概念，以及用来测量群体归属或社会认同——绝大多数内隐社会认知研究领域都可以应用IAT。此外，由于采用同一范式，不同领域间的测量结果还具有可比性。相比之下，很多其他研究方法的应用范围显得过于狭窄。如姓名字母偏好效应，尽管可以用来在一定程度上测量内隐自尊，但是它无法用来测量其他目标。其他的大部分内隐测量方法都或多或少地存在柔性不足的缺点，一种方法或程序只能测量有限的对象。

(2)范式的高稳定性

IAT的结果比较稳定，经得起检验。其指标IAT效应，在很多研究中都达到了极高的显著性水平，d效应值(IAT效应平均/标准差)一般高于0.8，而p值一般小于0.01。这说明IAT效应非常显著。此外，内隐联合测验的结果非常可靠。在很多采用标准程序对相同对象进行的研究中都发现了相互一致的IAT效应，说明在样本水平上IAT的结果是可靠的。在个体水平上IAT的重测稳定性也达到了很高的水平。因此，从总体上看，IAT比其他的内隐测量方法更有效，同时也具有较好的重测信度和复本信度，且具有较好的结构效度、区分效度和预测效度，更重要的是，IAT能够有效地避免自

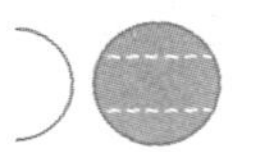

我报告测验带来的自我矫饰和印象整饰等作用。综上，在反应时范式中几乎没有其他测量方法能与其比肩，IAT 自身具有的明显的优点，使得它迅速成为内隐社会认知领域最主要的研究方法之一。

6.1.3 IAT 研究的变式

Brandl 等用非单词字母代替 Greenwald 经典 IAT 实验中的花的名字，结果发现昆虫比非单词字母更积极。如果用 IAT 理论来加以解释，就会得出“昆虫与积极而不是消极的词联系更紧密”的结论。因此，为了弥补 IAT 不宜用来测量单一概念的不足，近来研究者提出了三种 IAT 的改变形式。

6.1.3.1 Wigboldus IAT(WIAT)

Wigboldus 重新设计了 IAT，他提供一个目标概念和两个属性概念。例如，第一个任务，要求被试看到积极的词和与伊斯兰信仰有关的词(如古兰经)时按左键，看到消极的词时按右键。第二个任务则要求被试看到积极的词按左键，看到消极的词和与伊斯兰信仰有关的词按右键。如果被试在第一个任务上做得更好则说明其对伊斯兰有积极的态度，反之亦然。结果发现，IAT 结果与被试的自我报告呈正相关。在研究被试对不同食物的态度中也发现 IAT 的结果与被试的行为呈现一定的一致性。

6.1.3.2 Go/No-Go Association Task(GNAT)

反应/不反应联合任务(GNAT)由 Nosek 和 Banaji 提出。GNAT 保留了 IAT 的关键任务，有一对属性概念，但对目标概念没有强制性规定，采用信号检测论的思想，用辨别力指数(d')作为指标。

在 GNAT 的联合任务中，包含两种条件：第一种条件是当出现指定的目标类别(如水果)或属性类别(如积极)的样例时，被试做按键反应，出现任何其他干扰类别时不做反应；第二种条件是当出现指定的目标类别(如水果)或另一种属性类别(如消极)的样例时，被试做按键反应，出现任何其他干扰类别时不做反应。因此，如果被试的内隐态度中认为水果与积极联系更紧密，则会发现，第一种条件下的辨别力(d')要高于第二种条件。与 IAT 相比，GNAT 的特点在于不需要有作为比较的一对目标类别就可以获得较“直接”的而非相对的内隐态度。

6.1.3.3 Extrinsic Affect Simon Task(EAST)

Mierke 和 Klauer 曾指出 IAT 的最大缺陷在于被试对任务的重新编码。如在花—虫 IAT 中，相容联合任务为对花和褒义词按左键反应，对虫和贬义词按右键反应，而被试往往会将任务简化成对所有褒义刺激(包括花)按左键，对所有贬义刺激(包括虫)按右键，被试对相容任务的重新编码缩短了相容任务的反应时，提高了 IAT 效应。为了避

免重新编码对 IAT 效应的污染，De Houwer 设计了 EAST。其实验材料为 5 个消极名词、5 个积极名词、5 个消极形容词和 5 个积极形容词。实验有两种条件：一是所有形容词以白色呈现，要求对词义做反应，即对积极形容词按右键（积极反应），对消极形容词按左键（消极反应）；二是名词都以彩色出现，要求对词的颜色做出反应，即一半被试对绿色词按右键，对蓝色词按左键，而另一半被试对蓝色词按右键，对绿色词按左键。只记录被试对名词的反应时和错误率。结果发现被试对积极名词做积极反应比对积极名词做消极反应来得快，错误更少，同样，对消极名词做消极反应比对消极名词做积极反应来得快，错误更少。这是由于个体依照所呈现的形容词的评价性特征（积极或消极）做出判断，并分别做出反应，使得原先中性的按键反应获得了积极或者消极的意义，从而影响了个体的颜色分类反应。

6.1.4 IAT 的内在机制

尽管 IAT 得到了非常广泛的应用，而且有关的研究层出不穷，但关于 IAT 的内在作用机制，迄今为止并没有一个真正意义上的完整的解释。

关于 IAT 的原理，Greenwald 等人只做出了如下假设：如果两个概念密切联系，那么当它们对应同一个反应时会比较容易，对应不同的反应则比较难。而对 IAT 的有效性主要还是通过间接地提供有关的效度和信度指标来加以说明。

Banaji 认为，IAT 建立于以下基本假设之上：(1)概念之间的评价性联系可以进行测量；(2)概念之间进行匹配的难易程度不同，这反映了概念之间的评价性联系的程度；(3)测量评价性联系的方法之一是考察目标和评价之间匹配的速度；(4)在时间压力下通过反应速度的不同而测量出来的评价性联系的强度背后对应的是自动化的态度。从中可见，内隐联合测验测量的是评价性联系的强度，然后用这种评价性联系的强度来反映自动化的态度。

社会认知领域认为，在人的头脑中存在着一个社会认知的网络结构，用不同的节点表示各种事物、概念或评价。如果特定的对象和一定的评价相联系，那么激活该对象就会导致活动水平在概念网络上进行扩散，使得有关的评价信息容易被激活，因此就比较容易产生相应的评价倾向，这种现象称作态度的自动激活。一般认为，只要态度对象和评价之间存在联系，那么加工态度对象时就必然会激活相应的评价，这个过程不受意识的控制，却会对个体随后的情感体验和行为反应产生影响（Devine，1989）。这样，在概念联系和社会认知之间就形成了紧密的对应关系，从而只要测量出概念之间的联系就等于测量到了个体的倾向性。

6.1.5 IAT 的数据处理

IAT 实验结果的统计分析的数据来源主要是两个联合任务（相容任务与不相容任务）的数据。Greenwald 等人对原始数据进行了如下处理：(1)每一段的最前面两次尝试

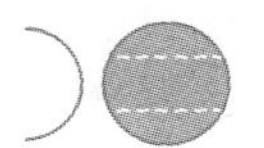

不进行统计；(2)反应时低于300ms的，转化为300ms，反应时高于3000ms的，转化为3000ms；(3)先对反应时进行对数转化，然后再求平均数；(4)在求平均数时，错误反应的反应时也计算在内；(5)错误率超过25%的被试数据视为无效。最后将不相容任务的平均反应时减去相容任务的平均反应时得到的差值，称为IAT效应(IAT Effect)，它表明了目标概念和属性概念之间联系的方向和相对强度。如在花—虫的实验中，如果IAT效应大于0，说明被试认为花与积极评价相联系，虫则与消极评价相联系。IAT效应的数值越大，说明这种差异越大，也就是被试对花的偏好越强烈。反之，如果IAT效应小于0，说明预先的假设不成立，实际情况与预先的假设相反。最后，如果IAT效应和0没有显著的差异，则说明要么不存在预想的联系，要么两个目标概念和属性维度的联系基本一致，没有什么差异，也即被试没有明显的偏好。相容任务和不相容任务上的正确率的差异也具有统计价值，由此得到的结果和由反应时得到的IAT效应的意义基本一致。

Greenwald后来发现IAT效应和被试的平均反应速度存在一定的相关，反应速度慢的被试，其IAT效应往往比较大。为了克服年龄和反应速度对IAT效应的影响，Hummert等人采取了一种新的IAT效应算法，称为z值法(z-score)。即将所有反应时的转化成z分数，再用这些z分数来计算IAT效应。通过如此转换能够比较好地排除被试反应速度不同所带来的影响。

此后，Greenwald又在此基础上对实验数据同时进行了多种处理方式，具体有以下几种计算方式：

(1)中数法，即分别计算不相容任务和相容任务反应时的中数(median)，然后相减得到IAT效应。

(2)均数法，即分别计算不相容任务和相容任务反应时的平均数(mean)，然后相减得到IAT效应。

(3)对数法，即先将反应时转换成自然对数，然后再分别计算相容任务与不相容任务平均数并相减得到IAT效应。

(4)倒数法，即以1000为分子，以每次的反应时为分母，进行倒数转换，然后分别计算不相容任务和相容任务的平均数。由于转换成倒数以后不相容任务的均值小于相容任务的均值，因此IAT效应等于相容任务的平均数减去不相容任务的平均数。

(5)D值法，先计算不相容任务和相容任务的反应时平均数之差，然后除以两个任务上所有反应时的标准差。

经过大量在线实验数据的综合比较，Greenwald发现D值法的效果最好，可以保持较高且稳定的内隐效应与外显主观测量结果的相关程度，同时能极大地降低反应速度对IAT效应的影响，显著地降低先前测验经历对IAT效应的影响。

6.1.6 IAT的应用

由于IAT非常适合于测量自动化的、不要求有意识回忆的不合理信念，因此，许多

研究者采用IAT在临床心理学方面进行了深入系统的研究，尤其是在对抑郁、焦虑和恐怖症者的治疗效果评估以及根据内隐认知对行为的预测方面取得了一些有益的研究成果。

6.1.6.1 社交恐怖症的相关研究

社交恐怖症的研究一般都是通过自我报告的方式进行的，其研究表明，由于消极的自我评价是社交焦虑者的主要特质，故低自尊是导致人们社交焦虑的主要原因。但de Jong等人采用IAT范式的研究结果却表明高、低社交焦虑者有相似的积极的自尊和对他人的消极尊重，但是高社交焦虑者的这种自我偏好效应更小一些。也即，高社交焦虑者对自己与对别人尊重程度的差异小于低社交焦虑者。可见，自我报告得出的高社交焦虑者有低自尊的结论可能更准确地反映了这些被试自我整饰的程度，而不是自尊的真实情况。故不是低自尊，而是对自我和对他人的内隐尊重程度的差异才是被试的社交焦虑的主因。

6.1.6.2 抑郁康复者的相关研究

以往采用认知评定量表等自我报告测验对抑郁病人进行的研究发现，在正常的情绪状态下，抑郁康复者和正常人没有差别，但是，如果有意引起他们一种轻微的消极情绪，则会使抑郁康复者的认知方式又回到抑郁时的消极状态，而从来没有得过抑郁的人则不会有这种变化。Gemar等人采用IAT范式研究表明抑郁康复病人之所以在引入消极情绪后会重回消极状态，其主要原因在于消极情绪继续激发了抑郁康复病人更消极的自我内隐态度。

6.1.6.3 成瘾行为的预测

Jajodia等人采用IAT对不同程度的嗜酒者进行了对酒精的内隐认知研究。结果发现通过IAT得到的结果能够预测被试的嗜酒行为，且优于自我报告测验的预测。这些研究表明在对成瘾行为的预测中IAT是一种有用的工具。此外，Wiers等人也发现不论是嗜酒程度高的还是嗜酒程度低的人在外显测验上对酒精都有积极的态度(严重嗜酒者更积极)，但是在内隐测验上，他们都对酒精有很强的消极态度。可见，IAT的研究结果可以为更好地预测和诊治成瘾行为提供帮助和指导。

6.1.7 IAT总结

尽管IAT是一种相对有效的研究内隐社会认知的工具，且应用范围也日趋广泛，但它毕竟是刚出现不久的新方法，信度和效度指标还不够完善，对其测验原理还存在许多争议，需要深入探讨。在应用IAT及对其结果加以解释时，应当谨慎，要注意以下几方面问题：

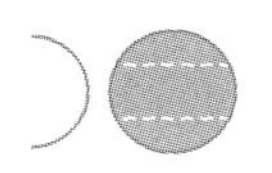

首先，作为考察内隐社会认知的工具，IAT 的机制尚不明晰，已有研究指出个体的反应速度、反应定势的差异以及某些纯感知觉因素都会干扰测验结果。在 IAT 测验中还发现了任务的顺序效应(不相容任务在前会减小 IAT 效应)、练习效应等系统误差。这说明 IAT 与具有个体诊断价值的测验还存在一定距离，还有进一步改良的空间。

其次，现有研究对 IAT 信、效度的比较分析还相对宽泛。由于 IAT 的灵活性，使得这种方法更类似 Likert 量表，是一种施测形式，而不是有具体指向的问卷或量表，即便是测量同一对象，IAT 的刺激项目也未能标准化。将这些内容不同、形式各异的 IAT 研究笼统放在一起比较，当然会得到自相矛盾的结果。另外，IAT 以精确到毫秒的反应时作为测验指标，其数据的范围和精确度与传统意义上的量表数据有很大不同，因此，将其纳入传统心理测量学标准体系加以衡量或许还存在问题。

最后，需要指出的是，社会认知结构的稳定性并不能和人格、智力等特质相提并论。近来，基于外显测量的研究提醒我们：诸如态度、自尊等范畴可能并非是稳定"特质"，也许只是临时的建构(build on the spot)。于是有的研究者退而认为内隐的社会认知是相对稳定的成分，但是包括 IAT 在内的内隐测验结果并没有很好地支持这个假设。因此，人们不禁会感到困惑：究竟是 IAT 信度存在缺陷，还是内隐社会认知自身就不是一个稳定的特质？这也许是 IAT 以及内隐社会认知研究亟待解决的关键问题。

本实验旨在对 Greenwald 的经典的内隐联合测验实验(花—虫测验)进行验证，了解 IAT 方法的实验范式及其结果的处理，并进一步探讨 IAT 范式的特点及其影响因素。

6.2 实验方法

6.2.1 被试

选取至少 50 名(每种实验顺序至少 25 名)被试的实验数据进行分析。

6.2.2 仪器与材料

IBM-PC 计算机一台，认知心理学教学管理系统。本实验呈现的刺激材料包含四种词汇：花卉词、昆虫词、积极词和消极词(各类词汇详见附录)。

6.2.3 实验设计与流程

本实验采用单因素被试内设计。自变量为任务的性质，共有 2 个水平：相容任务和不相容任务，因变量为反应时。任务的顺序在被试间对抗平衡。

经典IAT实验的具体流程参见表6-1。实验分为练习和正式两部分，一半的被试先进行相容任务，后进行不相容任务；另一半被试则先进行不相容任务，后进行相容任务。

被试先进行练习，相容任务（或不相容任务）的练习共由两部分组成：(1)概念词（花卉与昆虫）的分类任务；(2)属性词（积极与消极）的分类任务。在进行相容任务的练习时，首先进行概念词（花卉与昆虫）的分类任务。此时，屏幕一左一右分别呈现一个类别词，左侧为“花卉”，右侧为“昆虫”。而后在屏幕中央呈现一个词（如“蒲公英”），被试的任务是判定该词属于左侧类别还是属于右侧类别，属于左侧类别按左键（默认为“F”键），属于右侧类别按右键（默认为“J”键）。概念词的分类任务结束后，进入属性词的分类任务。同样，屏幕一左一右分别呈现一个类别词，左侧为“积极”，右侧为“消极”。而后在屏幕中央呈现一个词（如“甜蜜”），被试的任务是判定该词属于左侧类别还是属于右侧类别，属于左侧类别按左键（默认为“F”键），属于右侧类别按右键（默认为“J”键）。而在进行不相容任务的练习时，首先进行概念词（花卉与昆虫）的分类任务，屏幕一左一右分别呈现一个类别词，左侧为“昆虫”，右侧为“花卉”。而后在屏幕中央呈现一个词（如“蒲公英”），被试的任务是判定该词属于左侧类别还是属于右侧类别，属于左侧类别按左键（默认为“F”键），属于右侧类别按右键（默认为“J”键）。概念词的分类任务结束后，进入属性词的分类任务。同样，屏幕一左一右分别呈现一个类别词，左侧为“积极”，右侧为“消极”。而后在屏幕中央呈现一个词（如“甜蜜”），被试的任务是判定该词属于左侧类别还是属于右侧类别，属于左侧类别按左键（默认为“F”键），属于右侧类别按右键（默认为“J”键）。

正式实验则要求被试对概念词和属性词进行联合反应。在相容任务条件下，屏幕一左一右分别呈现两个类别词，左侧为“花卉或积极”，右侧为“昆虫或消极”，而后在屏幕中央呈现一个词（如“蒲公英”），被试的任务是判定该词属于左侧类别还是属于右侧类别，属于左侧类别按左键（默认为“F”键），属于右侧类别按右键（默认为“J”键）；在不相容任务条件下，同样，屏幕一左一右分别呈现两个类别词，左侧为“昆虫或积极”，右侧为“花卉或消极”，而后在屏幕中央呈现一个词（如“蒲公英”），被试的任务是判定该词属于左侧类别还是属于右侧类别，属于左侧类别按左键（默认为“F”键），属于右侧类别按右键（默认为“J”键）。正式实验单次试验流程见图6-1。

相容任务（不相容任务）的练习共100次（其中，50次为概念词归类，50次为属性词归类）。被试做出按键反应后，无论反应正确、错误或超时均有反馈，并提示反应时，但结果不予以记录。练习正确率达到90%以上方可进入相容任务（不相容任务）的正式实验。正式实验在被试做出正确反应后没有提示，反应错误或反应超时则会有提示。相容任务（不相容任务）的正式实验共有200次试验，分4组（每组50次），组与组之间分别有一中断，被试可自行控制休息时间。整个实验持续约40分钟。

表 6-1　经典 IAT 实验序列(花与虫)

组	任务性质	任务类型	试验次数	功能	左键对应项目	右键对应项目
B_1	相容	概念词分类	50	练习	花卉	昆虫
B_2		属性词分类	50	练习	积极	消极
B_3		联合分类	200	正式	花卉或积极	昆虫或消极
B_4	不相容	概念词分类	50	练习	昆虫	花卉
B_5		属性词分类	50	练习	积极	消极
B_6		联合分类	200	正式	昆虫或积极	花卉或消极

注:对于一半的被试,B_1、B_2、B_3 组分别与 B_4、B_5、B_6 组互换,即相容任务与不相容任务顺序互换。

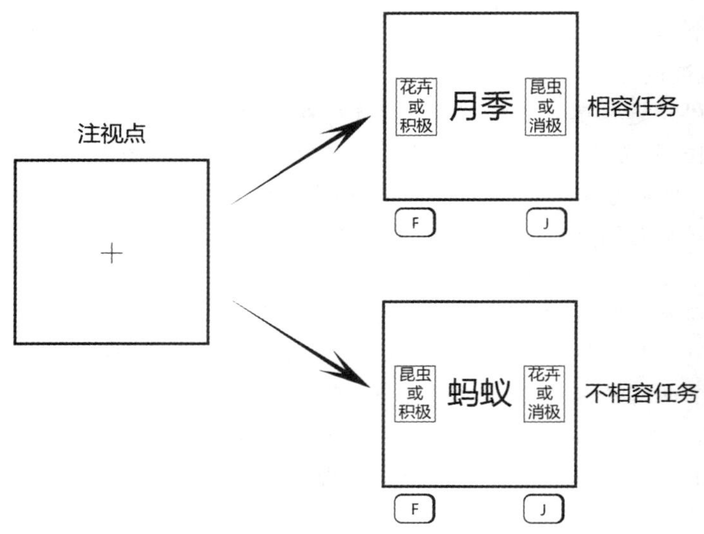

图 6-1　内隐联合测验正式实验单次试验流程

6.3　结果分析

IAT 实验数据的处理与一般反应时数据处理稍微不同,最初,Greenwald 等人采用的方法是,将大于 3000ms 或小于 300ms 的反应时数据剔除,而后将反应时数据进行对数转换(log-transform),最后将得到的数据按相容与不相容条件进行平均后计算差值,用差值的方向和大小来代表被试的内隐态度。后来,Greenwald 等人对算法提出了改进(Greenwald,Nosek,Banaji,2003),并取消了对数转化,同时引入 D 值的概念(D=反应时的平均数/反应时的标准差),用 D 值的方向和大小来代表被试的内隐态度。

1. 以任务性质为横坐标，反应时为纵坐标，绘制柱形图。

2. 分别采用以下三种方法计算 IAT 的实验结果并考察是否存在顺序效应：

(1)分别计算相容与不相容条件下的平均反应时，并计算两者对应的差值 mRT；

(2)将相容与不相容条件下的反应时对数转化后，计算两者对应的差值 mLOG；

(3)分别计算相容与不相容条件下的平均反应时和两者的联合标准差，并计算两者对应的差值 mD。

3. 以区组为横坐标，IAT 效应为纵坐标，绘制折线图，考察 IAT 效应是否会随着练习的增加而发生变化，与实验顺序是否存在交互作用。

6.4 讨 论

1. 分别比较上述三种计算方法的优缺点(可以从数据正态性角度考虑)。

2. 相容与不相容条件下的差值反映了被试何种内隐态度？

3. IAT 在研究被试的内隐态度方面有何优势？

4. IAT 的联网测试对未来心理学的大数据研究有何启示？(结合 6.7 阅读材料)

5*. 进一步分析实验数据，你还可以发现什么现象？(例如词表的 IAT 效应)

6.5 结 论

结合讨论结果，给出本实验的研究结论。

6.6 思考题

如果要研究人们对单一事物(如日本、伊斯兰教)的内隐态度，应如何设计 IAT 实验，实验中应注意哪些问题？

6.7 补充阅读材料

在线阅读资料

阅读材料下载

6.8 意见与建议

对该实验程序，你有何意见与建议？

6.9 附 录

6.9.1 如何打开实验数据文件

实验数据文件放在安装程序目录下的 IAT 文件夹下。数据文件名为“Sub_学生学号_学生姓名_内隐联合测验实验_DATA_IATMerge_IC.csv”或者“Sub_学生学号_学生姓名_内隐联合测验实验_DATA_IATMerge_CI.csv”(依被试的实验顺序而不同，IC 代表先做不相容任务后做相容任务，CI 代表先做相容任务后做不相容任务)。

6.9.2 实验数据文件说明

内隐联合测验实验数据文件列名及其含义见表 6-2。

表 6-2 实验数据文件列名及其含义

序号	列名	列名含义
1	ID	试验号
2	SubjectName	被试姓名
3	SubjectSex	被试性别
4	SubjectAge	被试年龄
5	Word	呈现词汇
6	Category	词汇类别
7	ConceptOrAttribute	概念词或属性词(Concept—概念词，Attribute—属性词)
8	Compatiblity	任务性质(Compatible—相容，InCompatible—不相容)
9	ExptOrder	实验顺序(CI—先相容后不相容；IC—先不相容后相容)
10	ResponseKey	反应键(J 键—默认，F 键—默认)
11	ISResponseCorrect	反应是否正确(Correct—正确，Wrong—错误)

续表

序号	列名	列名含义
12	ISPressCorrectKey	是否按对键(PressRightKey—按对键,PressWrongKey—按错键,NoPressKey—没有按键)
13	ReactionTime	反应时(ms)
14	ISRepeated	是否需要错误补救(NonRepeated—不补救,Repeated—补救)
15	RepeatedReactionTime	错误补救后正确反应时(ms)
16	RepeatedTimes	错误补救次数

6.9.3 实验指导语

×××,您好！欢迎您参加“内隐联合测验实验”。在进行本实验之前,请先将您的手机关闭或调成静音(会议)模式,谢谢您的配合。

1. 本实验由一组归类任务构成。实验中会呈现一些文字(或图片),需要您进行归类。

2. 归类任务注意事项:首先屏幕上一左一右分别呈现一个类别词,而后会在屏幕中央一个接一个地呈现文字(或图片),您的任务是判断呈现的文字(或图片)是属于左侧类别或是右侧类别,属于左侧类别按左键,右侧类别则按右键。左侧类别的默认按键为“F”键,而右侧类别的默认按键为“J”键。如果不习惯上述按键可点击菜单“设定反应键(R)”进行调节。

3. 上述任务均是快速反应任务,但务必先保证正确率。如果您的反应很快,但错误率很高的话,您的数据是没办法采用的。

4. 如有不明白的地方,请询问主试。

6.9.4 实验词汇

花卉类词汇(25 个):紫薇、桂花、樱花、昙花、芍药、荷花、兰花、玫瑰、茉莉、水仙、蜡梅、月季、茶花、雏菊、百合、牡丹、海棠、桃花、丁香、芙蓉、栀子、郁金香、蒲公英、康乃馨、向日葵。(雪莲、玉兰、棉花、鸢尾、铃兰)

昆虫类词汇(25 个):蚂蚁、苍蝇、臭虫、飞蛾、黄蜂、蝗虫、蚜虫、蝼蛄、蚂蟥、蚂蚱、青虫、蛔虫、蛆虫、虱子、螳螂、牛虻、跳蚤、蚊子、蜈蚣、蟋蟀、蝎子、螟虫、蟑螂、蜘蛛、螨虫。

积极类词汇(25 个):关怀、自由、健康、喜爱、和平、愉快、朋友、享受、忠贞、快乐、婚礼、温柔、诚实、幸运、彩虹、奖状、礼物、荣誉、奇迹、光明、家庭、甜蜜、欢笑、天堂、天使。

消极类词汇(25 个):虐待、崩溃、污秽、谋杀、疾病、事故、死亡、悲痛、毒药、恶臭、袭击、灾难、憎恨、污染、悲剧、炸弹、离婚、贫穷、丑陋、监狱、邪恶、屠杀、腐烂、呕吐、苦恼。

第 7 章 记忆错觉实验

7.1 实验背景

2010 年一部美国好莱坞大片《盗梦空间》席卷全球，甚至影片中的用于鉴别梦境与现实的图腾——陀螺，也在网上被热卖起来。《盗梦空间》的本意为意念植入，指通过梦境进入人的潜意识进行意念的灌输，进入的梦境层次越深，意味着进入潜意识的层次也越深，此时灌输的意念对人的影响也就越大。因此，根据《盗梦空间》的观点，理论上可以通过深层次梦境的植入，来彻底改变一个人。图 7-1 是《盗梦空间》导演 Christopher Nolan 对不同层次梦境绘制的手稿。

就目前的心理学而言，通过梦境进行意念植入还是无法实现的。但是，人们因为某些特定的诱发事件而产生错误的回忆和再认，在生活中则比比皆是。例如，一名澳大利亚心理学家因涉嫌一宗强奸案被捕，他完全符合受害者对于罪犯外形的描述。但实际上，罪案发生时，这名心理学家正在电视台参加一档现场直播的节目，其不在场证明可谓铁证如山。巧的是，就在受害者被强暴前，她正好在看同一档电视节目，因此产生错误记忆（记忆错觉）。与此相似，纽约大学的研究人员在发生“9・11”恐怖袭击事件（发生时间是美国东部时间 2001 年 9 月 11 日上午）后，进行了一个记忆实验，在事件发生后一周、一年、三年、十年后问相同的人群两个相同的问题：(1)在你最初得知“9・11”发生的那一刻，你在哪里？干了什么？(2)你现在认为你这段记忆的可靠度有多高（1 分到 5 分）？实验结果表明，随着时间的流逝，人们的记忆越来越不准确（准确率一周以后降到 94%，一年以后降到 63%，三年以后降到 57%），但都很自信地认为自己的记忆非常可靠（平均分高于 4 分）。

人类的错误记忆往往是与另一段或者几段记忆交换混合的产物，并非完全凭空生造出来。有时候，你明明记得把钥匙落在了厨房桌上，但实际上，你是把它留在了卧室里。麻省理工神经科学家史蒂夫・拉米雷斯（Steve Ramirez）所带领的研究团队通过将小白鼠已有的一部分记忆和体验混合起来，创造了一段全新的记忆。他们首先将记录

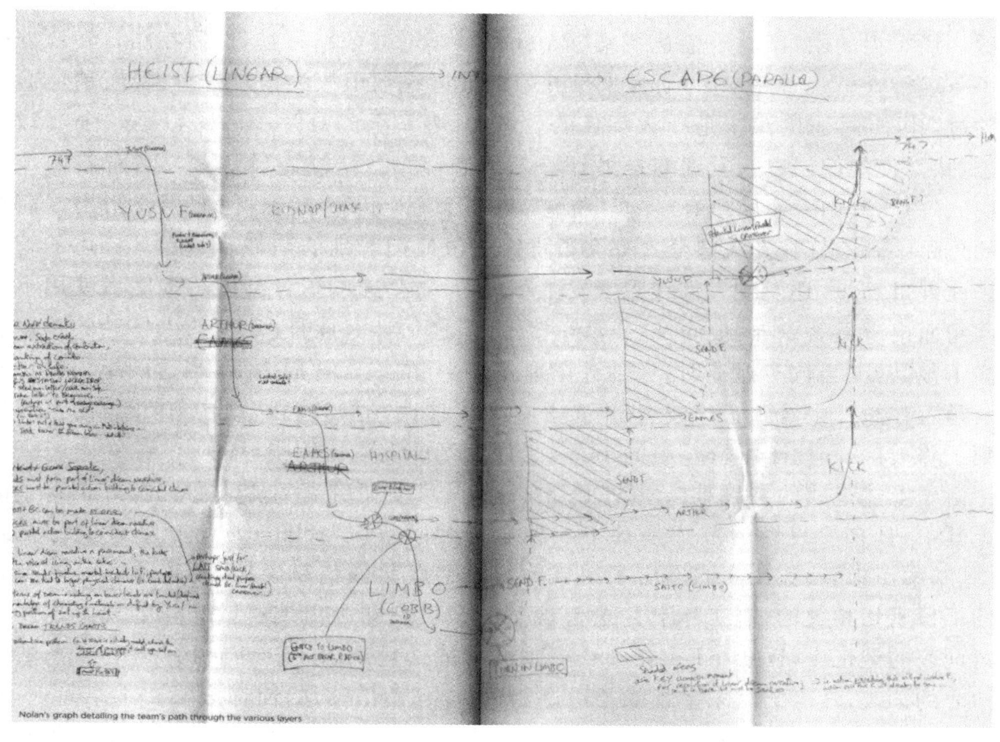

图 7-1 《盗梦空间》导演 Christopher Nolan 对不同层次梦境细节的手绘梗概图

了几段特定记忆的大脑部分孤立开来，刺激这部分大脑细胞联合起来，并在不同的条件下激活这些神经细胞，令其产生不同的“记忆”。因此，通过混淆已有的记忆来产生新的记忆，理论上也适用于人类。

由于错误记忆的广泛存在，因此，心理学家很早就对其进行了研究。在错误记忆研究的早期，Bartlett 采用了两种方法进行研究：系列再生（serial reproduction）和重复再生（repeated reproduction）。系列再生实验通常是先让被试 1 看一幅图片，请他将图片的内容记住。过一段时间，请他将图片的内容画出来，然后让被试 2 看被试 1 画的图片，并也在一段时间后请被试 2 将他所记的图片画出来。这样依次进行下去，就得出了一条“记忆链”。这样我们就可以观察当信息从一个人传到另一个人时是怎样被扭曲的，这些扭曲是记忆功能不完善的表现，即发生了错误记忆。重复再生实验则是让同一个被试在不同的延时条件下对学习材料做多次回忆，将回忆的内容与原始材料进行比较，来测量被试记忆不断衰退和变化的情形。其中最有名的实例是“幽灵战争”的实验（实验程序可参见附录）。在该实验中，Bartlett 首先让被试阅读印第安民间故事“幽灵战争”，间隔一段时间后要求学生根据自己的记忆复述这个故事。实验结果发现：随着间隔时间的增加，故事中的内容往往被略去一些，一些玄妙的内容被舍弃了，故事也变得越来越短，甚至被试还增加了一些新的材料，使故事更加自然合理。此外，20 世纪 70 年代中期，著名心理学家 Elizabeth Loftus 和她同事 Palmer 进行了一系列错误记忆诱导的经典实验(参见补充阅读材料"Elizabeth Loftus 的 TED 演讲视频")。他们让被试观看一场车祸的幻灯片:一辆达特桑(Datsun)轿车沿着公路行驶,然后在路口转弯处撞上了一名行人。观看完毕后,研究人员开始向被试灌输虚假的信息进行误导:请他们说出驶过"让车"标志的汽车是什么颜色的。然而,事实上幻灯片中的路口是一个"停车"标志,从而使他们误以为看到的是另外一个标志,随后,研究人员让参与者观看两个不同的幻灯片,其中一个路口有"停车"标志,另一个有"让车"标志,他们需要指出之前看到的是哪一张幻灯片。大部分人都会很肯定地说他们看到的是带有"让车"标志的幻灯片。此外,Loftus 还发现人们在观看发生车祸后,对车速的估计会因为提问者使用不同的问句而出现显著差异:被问及"当汽车撞毁时,你估计车速是多少"的人估计的车速显著高于被问及"当汽车碰撞时,你估计车速是多少"的人。一周之后,当这两组人被再次问及是否在短片中看到了碎玻璃(事实上本无碎玻璃)时,"撞毁"组中有 32%的人声称看到了碎玻璃,相比于"碰撞"组的 14%,错误记忆的发生比例明显提升。

由于上述范式的结果难以量化,因此,后来陆续有研究者对错误研究范式进行了改进。其中,具有代表性的范式是基于一种名为关联效应(relatedness effect)的记忆错觉,其基本原理是,如果人们经历了一系列有密切联系的信息之后,易于将一些和呈现过的项目密切相关的,但实际上并未呈现过的项目判断为出现过。同样的现象也发生在对词表的记忆中,Deese(Deese,1959)通过向被试呈现由 12 个与目标词有联系的单词构成的词表,然后测量未呈现的关键诱饵词(critical lure)的回忆效果。结果发现,词表中单词与诱饵词的相关程度与诱饵词的错误回忆率呈线性相关,即由所呈现关联词联想到未呈现诱饵词的可能性越大,诱饵词的错误回忆率也越高,但他的研究结果当时并未得到广泛关注。后来,Roediger 和 McDermott(Roediger & McDermott,1995)借鉴 Deese 的研究方法,验证了呈现关联词表导致高错误回忆率的现象。他们向被试呈现一组由 15 个单词构成的词表进行学习,每次词表呈现后,要求被试对词表进行自由回忆或做数学题(不做自由回忆任务)。而后呈现一组长词表让被试进行再认,判断词表中的各个单词是否学习过。结果发现,被试对关键诱饵词的错误再认率(即虚惊率)几乎与正确词的击中率相等。进一步分析数据发现,在自由回忆任务中没有回忆出来的关键诱饵词在后续的再认任务中其虚惊率甚至略微高于没有回忆出来的正确词的击中率。上述结果表明被试无法区分关键诱饵词是否呈现过,也就是说发生了错误记忆。此外,进行过自由回忆的被试,在其后的再认任务中对关键诱饵词的错误再认率会显著高于没有进行自由回忆(做数学题)的被试,并且被试表示清楚地记得这些单词学习过。该结果表明自由回忆有助于错误记忆的发生。

由于 Roediger 和 McDermott 系统地扩展了 Deese 的研究方法,同时验证了呈现关联词表导致极高错误回忆(再认)率的现象,因此,该研究范式被称为 Deese-Roediger-McDermott 范式,简称 DRM(DREAM)范式。此后,错误记忆得到广泛关注。后续的心理学家开展了对错误记忆的大量研究。错误记忆的研究不仅仅局限在实验室,在法律、教育、商业等诸多现实生活领域应用甚广,如目击证人证词的准确性问题,中小学生语言学习中的错误记忆问题,消费者错误记忆曾经使用某一产品的问题,某些社会群体

系统地错误记忆他们过去的历史等问题。目前，错误记忆研究已经成为继内隐记忆研究之后，认知心理学领域的又一大研究热点。

本实验旨在对 Roediger 和 McDermott 的经典错误记忆实验进行验证，了解 DRM 实验范式的原理及流程，并进一步探讨错误记忆的特点及其影响因素。

7.2 实验方法

7.2.1 被试

选取至少 40 名被试的实验数据进行分析。

7.2.2 仪器与材料

IBM-PC 计算机一台，认知心理学教学管理系统。本实验呈现的刺激材料包含 22 个词汇列表(其中 2 个词表用于练习，其余 20 个词表用于正式实验)，每个列表含 15 个词，这 15 个词共同指向一个关键诱饵词，并按与关键诱饵词的相关程度从高到低排列(词汇列表详见附录)。

词汇辨别任务中共呈现 60 个词。其中这 60 个词包括 10 个学习过的词表对应的关键诱饵词(共 10 个)，10 个学习过的词表中呈现位置为 1、8、10 的词(共 30 个)，10 个未学习过的词表中呈现位置为 1 和 10 的词(共 20 个)。任务中这 60 个词经过随机后让被试进行实验。

7.2.3 实验设计与流程

本实验由两部分组成，即词汇自由回忆任务和词汇辨别任务。单次试验流程见图 7-2。首先，屏幕上呈现一个绿色的注视点，1000～2000ms 后，依次呈现一组词表，每次呈现一个词，每个词呈现时间为 1500ms。一组词表(含 15 个词)呈现完毕后，会呈现 3 行 5 列共 15 个文本框，要求被试按逆序尽可能多地回忆词表，并将回忆的结果填入对应的文本框中，填写时按从左到右、从上到下的顺序进行。被试填写完毕以后，按回车键确认，而后会得到相应的反馈，以指示被试识记对的词数，1500ms 后，自动进入下一次试验。所有的词汇列表呈现完毕后，进行词汇辨别任务。进行词汇辨别任务时，要求被试对一组新建的词表进行词汇辨别，判断其中的词是否之前呈现过，如果呈现过，需要进一步判断是“清楚记得”(R)还是“肯定知道”(K)①。“清楚记得”是指能重现当时的

① 该部分为元记忆判断程序，即被试对自己记忆的意识状态的评定。

记忆情景(能回忆该词的相邻词或记得该词呈现时的特征等);而"肯定知道"则是指确定该词肯定出现过,但已不能再现当时的记忆情景。

实验开始前,先进行练习。练习时从 2 个词表中随机选择 1 个词表让被试进行学习,旨在让被试熟悉实验流程。练习结果有反馈,但不予以记录。被试练习时至少正确回忆 5 个词后方可进入正式实验。正式实验从 20 个词表里随机选择 10 个词表让被试学习,正式实验每次也有反馈,以提高被试的动机水平。正式实验组与组之间分别有一中断,被试可自行控制休息时间。整个实验持续约 30 分钟。

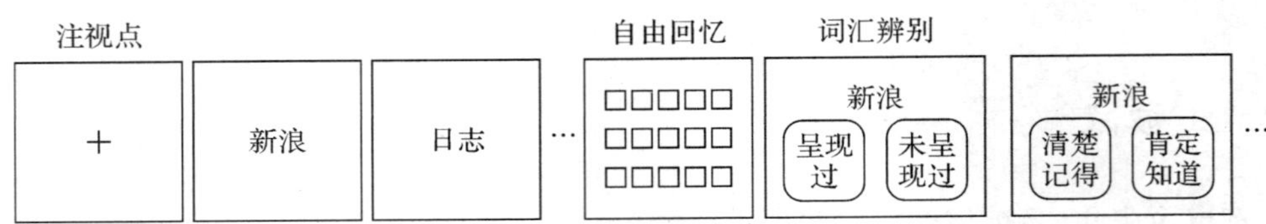

图 7-2　记忆错觉实验单次试验流程

7.3　结果分析

1. 以项目所在位置为横坐标,识记百分比例为纵坐标,绘出系列位置曲线图①。考察是否存在近因效应和首因效应。

2. 以不同词表的关键诱饵词为横坐标,虚假回忆概率和虚惊再认概率为纵坐标,分别绘制折线图。考察不同词表特性对错误记忆的影响。

3. 分别计算词汇辨别任务中正确词的击中率和关键诱饵词的虚惊率,以及各自对应的"清楚记得"和"肯定知道"的比例。考察两者对应的比例差异是否显著。

4. 分别计算自由回忆任务中回忆出来的正确词和没有回忆出来的正确词以及回忆出来的关键诱饵词和没有回忆出来的关键诱饵词在辨别任务中的击中率和虚惊率,以及各自对应的"清楚记得"和"肯定知道"的比例。考察各自对应的比例差异是否显著。

7.4　讨　论

1. 正确词、关键诱饵词及无关词在上述各项指标上的差异表明了什么现象?

2. 结合本次实验的结果,探讨错误记忆的影响因素。

3. 为何在 DRM 范式中会产生错误记忆现象?

---

①　为了减少词表项目少而带来的误差,建议除了首尾的点以外,每个点的数据取其本身与其相邻的两点的平均值。

4. 有关错误记忆还有哪些研究范式？（结合 7.7 补充阅读材料）

5. 某研究表明，错误记忆与被试的记忆容量/被试对自己记忆的自信程度有关，记忆不好的人更容易发生错误记忆/越不自信的时候越容易发生错误记忆。请根据本次实验结果检验上述研究结论是否正确。

6. 在 DRM 范式中，被试发生错误记忆时，根据信号检测论的观点，其辨别力指数（d'）、反应倾向（β）和判别标准（C）如何变化？

7*. 进一步分析实验数据，你还可以发现什么现象？

7.5 结　论

结合讨论结果，给出本实验研究的结论。

7.6 思考题

请根据附录中记忆错觉词汇列表特点，再编制两个类似的记忆错觉词汇列表。请思考该词表应如何编制，编制的过程中需要注意哪些问题。

7.7 补充阅读材料

记忆错觉相关资料

TED 演讲视频

7.8 意见与建议

对该实验程序，你有何意见与建议？

7.9 附 录

7.9.1 如何打开实验数据文件

实验数据文件放在安装程序目录下的 IAT 文件夹下。数据文件有两个：一个自由回忆数据文件，文件名为“Sub_学生学号_学生姓名_错误记忆实验_Recall_DATA.csv”；另一个是词汇辨别数据文件，文件名为“Sub_学生学号_学生姓名_错误记忆实验_Recog_DATA.csv”。

7.9.2 实验数据文件说明

1. 自由回忆实验数据文件列名及其含义(见表 7-1)

表 7-1 自由回忆实验数据文件列名及其含义

序号	列名	列名含义
1	ID	试验号
2	SubjectName	被试姓名
3	SubjectSex	被试性别
4	SubjectAge	被试年龄
5	CorrectList	正确回忆的词个数
6	WordList	呈现的词汇列表(共 15 列)
7	CorrectList	回忆是否正确列表(1—正确，0—错误)(共 15 列)
8	RecallList	回忆出来的词汇列表(共 15 列)

2. 词汇辨别实验数据文件列名及其含义(见表 7-2)

表 7-2 词汇辨别实验数据文件列名及其含义

序号	列名	列名含义
1	ID	试验号
2	SubjectName	被试姓名
3	SubjectSex	被试性别

续表

序号	列名	列名含义
4	SubjectAge	被试年龄
5	RecognitionWordList	需辨别的词汇列表
6	IsCriticalLure	是否为关键诱饵词(TRUE—是,FALSE—否)
7	IsRecalled	是否被自由回忆出来(TRUE—是,FALSE—否)
8	IsStudied	是否学习过(NonStudied—没学习过,Studied—学习过)
9	RecallStudied	判断是否学习过(NonStudied—没学习过,Studied—学习过)
10	RememberingOrKnowing	是清楚记得还是肯定知道(Remembering—清楚记得,Knowing—肯定知道,NonStudied—没学习过)

7.9.3 实验指导语

×××,您好！欢迎您参加“记忆错觉实验”。在进行本实验之前,请先将您的手机关闭或调成静音(会议)模式,谢谢您的配合。

1.本实验的任务由两阶段组成:第一阶段为词汇自由回忆任务。第二阶段为词汇辨别任务。

2.第一阶段为词汇自由回忆任务。首先屏幕上会依次呈现一组词汇,您的任务是记住这些词,并在词呈现完毕后尽可能多地复述出来,并将复述结果填写入对应的文本框中。为了避免字符输入过程中产生遗忘,可以事先准备纸笔,待文本框出现以后,先将回忆的结果写在纸上,而后输入到文本框中。注意:识记的过程中,不可动笔。一组词汇的自由回忆任务完成后,进入下一组,共计十组。休息一段时间后,进入第二阶段。

3.第二阶段为词汇辨别任务。您的任务是判断屏幕上呈现的词是否为刚才呈现过的词;如果是刚刚呈现过的词,还需进一步判定该词是“清楚记得”还是“肯定知道”。所谓“清楚记得”是指能重现当时的记忆情景(能回忆该词的相邻词或记得该词呈现时的特征等);而所谓“肯定知道”是指确定该词肯定出现过,但已不能再现当时的记忆情景。

4.该任务不记录反应时,因此,请务必保证正确率。如果您反应很快,但错误率很高的话,您的数据是没办法采用的。

5.如有不明白的地方,请询问主试。

7.9.4 实验词汇列表

1. 练习词汇列表[①](列表内词顺序不能改变)

微博	电视
新浪	节目
日志	频道
转载	音量
回复	遥控
博客	广告
评论	娱乐
版主	综艺
微吧	剧场
置顶	电影
论坛	卫视
动态	气象
微信	财经
关注	体育
粉丝	新闻
刷新	评书

2. 正式实验词汇列表[②](列表内词顺序不能改变)

生气	黑色	寒冷	医生	水果	男人	睡觉	盗窃	窗户	粗糙
狂怒	白色	炎热	护士	苹果	女人	睡眠	偷窃	门窗	光滑
激怒	黑暗	冰雪	生病	橙子	丈夫	休息	强盗	玻璃	颠簸
厌恶	黑猫	温暖	药店	果汁	叔叔	醒来	骗子	窗格	碎石
愤怒	烧焦	冬天	医药	果实	雄性	疲倦	窃贼	房屋	精细

① 由浙江大学心理系2011级史梦瑶同学友情提供。

② 由浙江大学心理系2011级刘淑澂、孙潇然、王分分、姚敬先同学友情翻译。

续表

脾气	夜晚	结冰	健康	西瓜	君子	做梦	金钱	窗台	砂纸
暴怒	葬礼	潮湿	医院	葡萄	男性	起床	警察	窗沿	锯齿
发怒	颜色	严寒	牙医	桃子	父亲	打盹	钱包	阴凉	粗俗
震怒	哀痛	冷清	大夫	果浆	强壮	毛毯	抢劫	开窗	毛糙
高兴	蓝色	高温	疾病	樱桃	爷爷	瞌睡	监狱	窗帘	粗犷
吵架	死亡	天气	病人	香蕉	胡须	床铺	枪支	边框	道路
仇恨	墨汁	冷冻	科室	蔬菜	爸爸	打呼	恶棍	窗口	崎岖
愤慨	低谷	通风	听筒	果盘	英俊	午睡	犯罪	微风	沙子
平静	煤炭	颤抖	主任	果篮	肌肉	安静	恶劣	阳光	皮毛
情绪	棕色	北极	诊所	菠萝	西装	哈欠	土匪	后窗	粗粮
愉悦	灰色	霜冻	治疗	果树	老板	困倦	罪犯	纱窗	木板
缓慢	蜘蛛	音乐	河流	柔软	国王	女孩	面包	山峰	甜蜜
快速	蛛网	音符	海洋	坚硬	女王	男孩	牛奶	山丘	甜美
舒缓	昆虫	声音	湖泊	轻柔	国家	玩偶	色拉	山谷	糖果
停止	臭虫	钢琴	钓鱼	枕头	皇帝	女性	吐司	攀爬	甘甜
怠慢	惊吓	歌唱	长江	羊毛	王子	年轻	披萨	顶峰	苦涩
蜗牛	苍蝇	电台	船舶	柔韧	乾隆	裙子	小麦	攀登	愉快
谨慎	爬行	乐队	潮汐	棉花	独裁	漂亮	果酱	丘陵	亲密
拖延	毒物	旋律	游泳	触摸	宫殿	长发	奶酪	高峰	糕点
高速	甲壳	喇叭	流淌	松软	王位	侄女	面粉	平原	美好
慢慢	撕咬	吉他	流动	海绵	皇后	跳舞	果冻	高耸	蜂蜜
犹豫	蚊子	和声	溪流	羽毛	象棋	美丽	面团	山羊	幸福
速度	八脚	节奏	黄河	皮肤	服从	可爱	切片	峭壁	闺蜜
迅速	危险	爵士	流水	温柔	君主	约会	红酒	登山	爱情
迟钝	丑陋	管弦	液体	柔弱	皇族	阿姨	鸡蛋	山脉	蛀牙
等待	触角	艺术	拱桥	柔顺	领导	女儿	汉堡	陡峭	味道
黏稠	细小	韵律	蜿蜒	丝绸	统治	姐妹	牛排	滑雪	辛酸

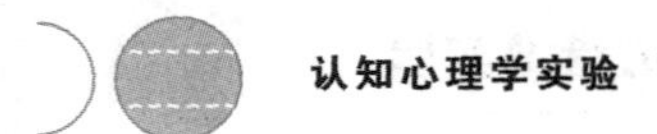

7.9.5 “幽灵战争”实验程序

(1)首先让被试阅读下面的故事。

(故事开始)

一个晚上,有两个从伊古拉来的青年男子走到河里想去捕海豹,当时,天空充满了浓浓的雾气,非常平静,然后他们听到了战争的嘶喊声,他们想“也许有人在打仗”。他们逃到岸边,躲在了一根木头后面,就在这时,有几艘独木舟出现了,他们听到了摇桨的声音,看到其中一艘向他们驶来,船上坐着5个人,那些人问道:

“我们想带你们一起到河的上游去跟敌人打仗,你们觉得如何?”

其中一个年轻人说:“我没有箭。”

他们说:“箭就在船上。”

这个年轻人说:“我不想跟你们去,我可能会被杀死,我的亲戚朋友都不知道我去那里,不过你……”

他转向另一个人说:“可以跟他们一起去。”因此,一个年轻人就跟他们走了,另一个年轻人回家了。

当战士们沿河而上,到达卡拉马另一端的村庄。村庄的人涉水而来,开始战斗,许多人因此被杀死。就在此时,这个年轻人听到其中的一个战士说:“快,我们回家去!那个印第安人被打死了。”这时年轻人想:“哦,他们都是幽灵。”他并没有感到任何不适,但他们却说他被射死了。

于是,这些独木舟回到了伊古拉,这个年轻人上岸后回到家里,并且点起了炉火,他告诉所有人说:“看!我跟这些幽灵一起去打仗,同伴中有许多人被射杀了,攻击我们的对方也死了不少人。他们说我被射死了,但我并没有感到任何的不适。”

他讲完这些话之后,安静了下来。当太阳升起的时候,他倒在了地上,有黑色的东西从他的嘴里流出来,他的脸扭曲变形。人们跳起来,大声呼喊:“他死了。”

(故事结束)

(2)间隔一段时间后要求被试根据自己的记忆复述这个故事。

7.10 名词解释

记忆错觉(错误记忆):错误地声明一个以前未呈现过的词或未发生过的事,是人们对过去事件的报告与事实之间发生偏离的现象。

第8章 视觉编码保持实验

8.1 实验背景

在短时记忆中，信息以何种形式保持或储存即为短时记忆的信息编码问题。20世纪60年代以来，Conrad(1963,1964)通过对记忆实验中的错误回忆数据进行分析，发现错误记忆往往发生在音近的字母(如B和V)，而非形近的字母(如M和N)；且呈现方式不影响字母间发生混淆的次数。据此，Conrad认为短时记忆错误的产生是以听觉而不是以视觉为基础的，即便视觉呈现的刺激材料进入短时记忆也发生了形—音转换，编码具有听觉的特性。但是Posner等人(Posner, Boies, Eichelman, Taylor, 1969; Posner & Keele, 1967)的实验却表明，短时记忆中的信息也可以有视觉编码。在实验中给被试同时或继时呈现两个并排的字母对(AA或Aa)，要被试指出这一对字母是否相同(不考虑大小写)并做出按键反应，仪器会自动记录被试的选择反应时，实验结果表明：两字符同时呈现时，形同字母对(AA)的反应时要小于形异音同字母对(Aa)；随着两字符继时呈现的时间间隔增加，形同字母对的反应时急剧增加，而形异音同字母对的反应时却未出现较大变化。两者的反应时之差随时间间隔增加而逐渐减小，结果参见图8-1。据此，Posner等人认为，如果短时记忆中只有听觉编码，那么形同字母对(AA)与形异音同字母对(Aa)的反应时应该不存在差别。因此，该结果表明短时记忆中可能还存在其他形式的编码，而形同字母对(AA)与形异音同字母对(Aa)的区别仅在于前者两个字母的物理形状完全相同，而后者不同。因此，当字母对同时呈现时，形同字母对(AA)可以直接比较视觉上的物理形状，而形异字母对(Aa)则必须按发音进行比较。换言之，形同字母对(AA)的知觉匹配以视觉编码为基础，而形异字母对的知觉匹配以听觉编码为基础。而正是由于视觉编码优先于听觉编码产生，从而导致形同字母对(AA)的反应时要小于形异音同字母对(Aa)，两者的反应时之差即反映内部编码过程的差别。但随着字母对呈现的时间间隔逐步增大，两者的反应时的差距在逐步变小，这表明视觉编码的作用在逐渐减弱，而听觉编码的作用则在逐步增强，暗示了短时记忆中的信息编码逐步从视觉编码过渡到听觉编码，故形同字母对（AA）的反应时间应逐渐增大，从而缩小了与形异音同字母对（Aa）之间反应时之差。

早期研究认为，语义编码是长时记忆的特点，但是随着研究的深入，Wickens 发现如果前后识记有意义联系材料（字母、数字、名词等）时会表现出前摄抑制。国内的许多研究也证实了语义编码的存在。因此，现在一般认为，短时记忆中的信息存在感觉编码和语义编码，而感觉编码则包括视觉和听觉编码。

本实验旨在对 Posner 等人的经典视觉编码保持实验进行验证，了解短时记忆中各种编码形式的特点，并进一步探讨短时记忆中各种编码形式的影响因素。

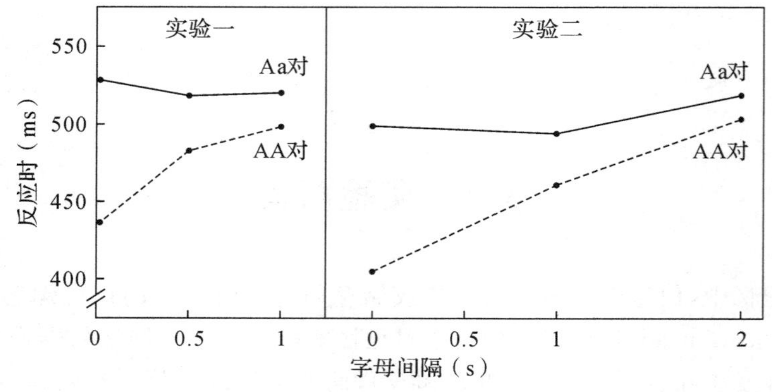

图 8-1　Posner 等人的实验结果

8.2 实验方法

8.2.1 被试

选取至少 50 名被试的实验数据进行分析。

8.2.2 仪器与材料

IBM-PC 计算机一台，认知心理学教学管理系统。本实验呈现的字母集为“A”与“a”、“B”与“b”、“F”与“f”、“H”和“h”，共 8 个字母。每个字母的大小约为 1.6cm×1.6cm。

8.2.3 实验设计与流程

本实验采用两因素被试内设计。因素一为字母对类型，该因素有 2 个水平：相同字

母对(AA 或 Aa)或不同字母对(AB),相同字母对又分为形同字母对(AA)与形异音同字母对(Aa);因素二是字母对呈现时间间隔(ISI),该因素有 4 个水平:0ms、500ms、1000ms 和 2000ms。

单次试验流程见图 8-2。首先在屏幕中央呈现一个黄色"+"注视点,500～1500ms 后在屏幕中央呈现第一个字母,字母预览 1000ms 后消失,间隔一段时间(0ms、500ms、1000ms 和 2000ms)后,在屏幕中央呈现第二个字母①。

被试的任务是判断第二个字母与第一个字母是否相同(不考虑大小写),并立即做出按键反应。如果是则按"J"键;不是则按"F"键。为了减少被试按键过程中的反应定势,生成的实验序列经 Wald-Wolfowitz 游程检验,显著性大于 0.10(双侧)。

被试做出按键反应后,会得到相应的反馈,指示被试反应正确与否及反应时。如果被试在字符出现后 1000ms 内不予以反应,程序将提示反应超时,告诉被试尽快反应。随机空屏 600～1300ms 后,自动进入下一次试验。

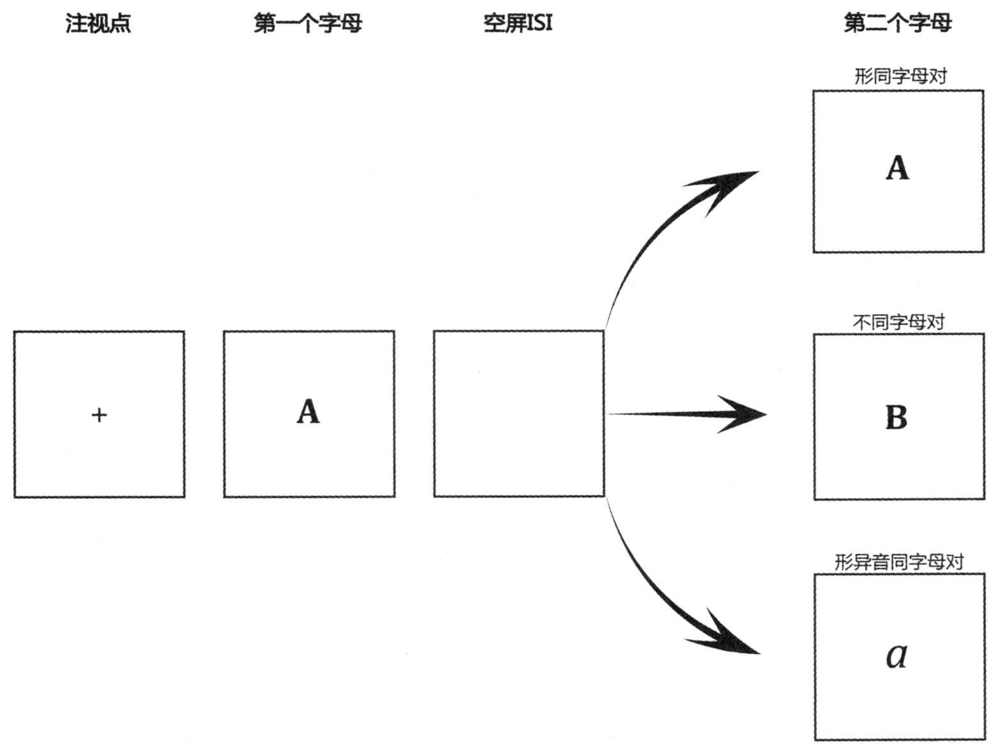

图 8-2 视觉编码保持实验单次试验流程

---

① 注:由于间隔时间存在 0ms,为了让被试清楚地分辨前后两个字母,第二个字母与第一个字母的位置发生轻微错位。

实验开始前，从正式实验中随机抽取 20 次作为练习，练习的时候，无论反应正确、错误或超时均有反馈，但结果不予以记录。练习的正确率达到 90%后方可进入正式实验。正式实验在被试做出正确反应后没有提示，反应错误或反应超时则会有提示。正式实验共有 192 次试验，分 4 组（每组 48 次），组与组之间分别有一段休息时间。正式实验结束后，进入错误补救程序，即将之前做错的试验再次呈现，直到被试全部反应正确为止。整个实验持续约 30 分钟。

8.3 结果分析

1. 分别计算每个被试和所有被试在不同 ISI 条件下，形同字母对与形异音同字母对以及不同字母对条件下的反应时，并考察其是否存在差异。

2. 以 ISI 为横坐标，反应时为纵坐标，绘制形同字母对与形异音同字母对及不同字母对条件下的反应时折线图。

3. 分析被试反应错误率在不同 ISI 条件下有何变化，并考察其是否存在差异。

8.4 讨 论

1. 将所得的实验结果与 Posner 等人的实验结果进行比较，分析异同的原因。

2. 形同字母对与形异音同字母对以及不同字母对条件下反应时随 ISI 的变化反映了何种心理加工机制？

3. 结合本次实验结果，探讨短时记忆编码的特点及影响因素。

4. Posner 等人得出的研究结论所依据的是心理学里的哪种研究方法？请简述其原理，并举例说明。

5*. 进一步分析实验数据，你还可以发现什么现象？

8.5 结 论

结合讨论结果，给出本实验的研究结论。

8.6 思考题

1. 在 Posner 等人的实验中，字母对均采用视觉形式呈现。请思考实验中字母对是否可以采用听觉形式和视觉形式混合的方式呈现？如果可以，应如何设计实验以验证

Posner 等人的实验结果？如果不可以，请说明理由。

2. 汉字有大量的同音异形字，如“李”、“里”、“礼”、“力”、“离”；“汗”、“汉”、“旱”、“寒”、“喊”，如果上述实验的刺激材料用汉字呈现，请大胆预测一下实验结果。

3. 为何视觉短时记忆中储存的信息到后期需要转成听觉形式的编码？

8.7 补充阅读材料

补充阅读

8.8 意见与建议

对该实验程序，你有何意见与建议？

8.9 附　录

8.9.1 如何打开实验数据文件

实验数据文件放在安装程序目录下的 VisualCodeRetention 文件夹下，数据文件名为“Sub_学生学号_学生姓名_视觉编码保持实验_DATA. csv”。

8.9.2 实验数据文件说明

实验数据文件列名及其含义见表 8-1。

表 8-1　实验数据文件列名及其含义

序号	列名	列名含义
1	ID	试验号
2	SubName	被试姓名

续表

序号	列名	列名含义
3	SubSex	被试性别
4	SubAge	被试年龄
5	FirstLetter	第一个字母("A"、"a"、"B"、"b"、"F"、"f"、"H"、"h")
6	SecondLetter	第二个字母("A"、"a"、"B"、"b"、"F"、"f"、"H"、"h")
7	FirstCase	是否大写(Lower—小写,Upper—大写)
8	SecondCase	是否大写(Lower—小写,Upper—大写)
9	ISI	两个字母的时间间隔(0ms、500ms、1000ms 和 2000ms)
10	ISSame	字母对是否相同(PhysicalSame—形同字母对,NameSame—形异音同字母对,Different—不同字母对)
11	ISMatch	是否匹配(Matched—匹配,NoMatched—不匹配)
12	ResponseKey	反应键(J 键—默认,F 键—默认)
13	ISResponseCorrect	反应是否正确(Correct—正确,Wrong—错误)
14	ISPressCorrectKey	是否按对键(PressRightKey—按对键,PressWrongKey—按错键,NoPressKey—没有按键)
15	ReactionTime	反应时(ms)
16	ISRepeated	是否需要错误补救(NonRepeated—不补救,Repeated—补救)
17	RepeatedReactionTime	错误补救后正确反应时(ms)
18	RepeatedTimes	错误补救次数

8.8.3 实验指导语

×××,您好!欢迎您参加"视觉编码保持实验"。在进行本实验之前,请先将您的手机关闭或调成静音(会议)模式,谢谢您的配合。

1. 首先,屏幕上呈现一个注视点,紧接着会呈现一个字母,一段时间后字母消失。空屏一段时间后,会再出现另一个字母,您的任务是判断前后两个字母是否相同(不区分大小写),如果相同则按"J"键,不同则按"F"键。如果不习惯这两个键可以点击菜单"设定反应键(R)"进行调节。

2. 该任务是一个快速反应任务，故请务必先保证正确率。如果您反应很快，但错误率很高的话，您的数据是没办法采用的。

3. 如有不明白的地方，请询问主试。

8.9 名词解释

1. ISI：全称 Inter-Stimulus Interval，是指两个或多个刺激间的时间间隔。

2. SOA：全称 Stimulus-Onset Asynchrony，是指从一个刺激开始到另一个刺激开始之间的时间总量。

第9章 视觉搜索不对称实验

9.1 实验背景

视觉搜索实验范式是了解视觉注意机制的一种非常重要的工具。典型的视觉搜索任务要求被试在由靶子和干扰子所组成的刺激系列中搜索靶子项目，而后考察其搜索效率。搜索效率一般以反应时(RT)对搜索集(set size)的函数关系的斜率来表示。

当反应时不随搜索集变化时，称为有效搜索或平行搜索，例如在一堆绿色的干扰子中搜索一个红色的靶子；相反，当反应时随搜索集的增大而增大时，称为低效搜索或系列搜索，例如在一堆不同朝向的L中搜索一个靶子T。最有效的搜索发生在靶子具有单一基本特征(该特征是突出的或显著的)，且干扰子都是同质的条件；而最低效的搜索发生在靶子和干扰子具有相同的基本特征，且干扰子都是异质的条件。

一般视觉搜索不对称是指：以反应时为指标，在刺激B中搜索A与在刺激A中搜索B，其搜索效率是不同的。最早由Neisser(Neisser，1963)发现了视觉搜索不对称现象。在实验中她发现，在一组含Z(Q)的字母组合列表中搜索不含Z(Q)的字母组合(例如，JZLXSH，QVZMXL，FDRVQH)，比在一组不含Z(Q)的字母组合列表中搜索含Z(Q)的字母组合，其搜索速度要更慢。Neisser据此提出了视觉加工的两阶段理论来解释上述现象：(1)第一阶段为前注意加工阶段，该阶段，视觉系统对视野内刺激的基本特征进行同时加工，此时无须注意的参与，可以达到自动化加工的程度，表现为并行加工；(2)第二阶段为集中注意加工阶段，该阶段，视觉系统要对联合特征进行加工，需要集中注意的参与和整合，因而表现为串行加工。

经典的视觉搜索不对称实验是由Treisman等人(Treisman & Souther，1985)设计的。在实验中，依次向被试呈现一些刺激图案，要求他们从一些干扰子中搜索特定的靶子。刺激图案根据搜索任务不同，是成对设计的，具体参见图9-1，其中(a)图案中的靶子是“Q”，干扰子是“O”，而(b)图案中的靶子是“O”，干扰子是“Q”，两靶子的区别仅在于是否有竖线。另外，呈现一些不含靶子的刺激图案，要求被试做出“有”靶子或“无”靶子的反应，记录被试的反应时。结果发现，(a)图案对应的搜索任务，被试的反应时几乎不随搜索集的变化而变化，反映的是高效的并行搜索，而(b)图案对应的搜索任务，被试的反应时随搜索集的增大而迅速增大，反映的是低效的系列搜索。

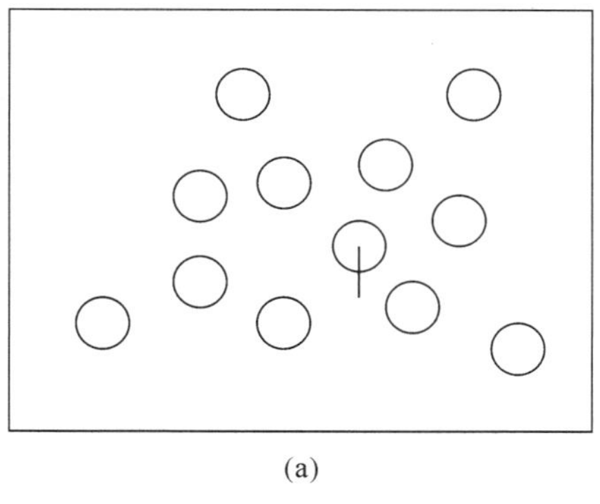
(a)

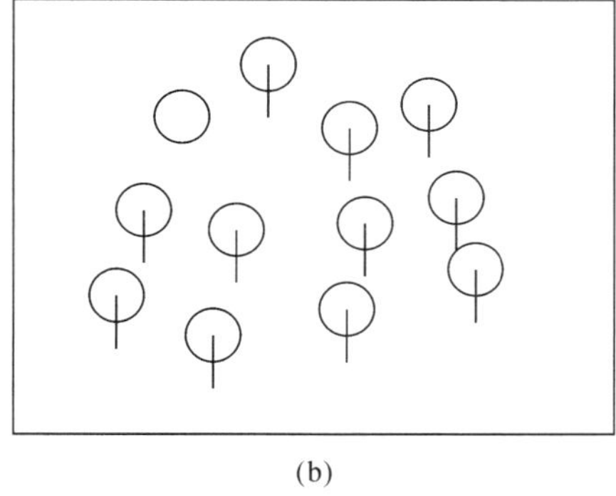
(b)

图 9-1　Treisman 实验中两种类型的靶子(Treisman & Souther,1985)

Treisman 也曾经用封闭的三角形和角做靶子分别进行搜索实验，结果表明三角形靶子的搜索速度快于角。但是在另一个实验中，Treisman 用封闭圆和开口圆(1/2、1/4、1/8)分别进行视觉搜索的实验却发现了与三角形实验相反的结果。实验结果发现，对这两类靶子的搜索存在强烈的非对称性，开口圆的搜索是快速的，基本不受开口大小和干扰项数目的影响，但是封闭圆的搜索是较慢的、系列的。她设想三角形可能在某个其他的简单特征上有别于角和线段。开口圆具有的线段终端可在前注意阶段被觉察，因此开口圆可被快速搜索；而封闭性可看作封闭程度的连续体，可在不同程度上被开口圆和封闭圆共有，当两者差别大时（开口比例 1/2)，封闭圆较容易搜索，而开口小时搜索就慢。

对于为何会产生上述搜索不对称现象，Treisman 用特征整合理论(feature integration theory)来加以解释(Treisman & Gormican,1988)。特征整合理论主要探讨视觉加工早期的问题，该理论将特征看作是某个维量的一个特征值，知觉系统对各个维量的特征进行独立编码。这些个别特征对应的心理表征称为特征地图(feature map)，而一些特征的结合体则是客体。该理论认为视觉系统的加工可分为两个阶段：(1)特征登记阶段，该阶段，视觉系统从光刺激模式中抽取特征，且不检测特征间的关系，这是一种平行的、自动化的加工过程。Treisman 假定，视觉早期阶段只能检测独立的特征，包括颜色、大小、反差、倾斜性、曲率和线段端点，还可能包括运动和距离的远近等。此时，被检测出的特征处于自由漂浮状态(free floating state)，不受所属客体的约束，因此，其位置是不确定的。(2)特征整合阶段。知觉系统将知觉到的特征正确地联系起来，把原始的、彼此分开的特征(如颜色、形状、朝向等)整合为一个单一的客体，从而形成对某一客体的表征。该阶段要求对特征进行定位，即确定特征的边界位置在哪里，并在位置地图(map of locations)上标示出来。由于处理特征的位置信息需要集中性注意的参与，因此，该阶段是一种系列的、非自动化的加工过程。如果此时注意分散或超载，单一客体的特征就可能会重新被分解，并再次成为自由漂浮的状态，甚至于在一些条件下出现错误性的结合(illusory conjunction)。特征整合理论框架示意图具体参见图 9-2。

Treisman 认为，在视觉搜索任务中，当与干扰子相比，靶子具有某项基本特征时，在激活特征地图的特征登记阶段就可以被探测到，因而这时的加工属于自动化的并行加工；而当靶子缺少了干扰子都具有的某项基本特征时，就需要集中注意的参与，才能在位置地图上将其标示出来，因而这时的加工属于非自动化的串行加工。因此，当靶子与干扰子互换时，就产生了视觉搜索不对称现象。

特征整合理论的另一证据，来自一个由于双侧顶叶受损所致的有着双侧注意缺陷的患者(Friedman-Hill，Robertson & Treisman，1995)。当多个目标呈现时，该患者能够准确地报告出所呈现的那些特征，但当被问及哪些特征属于同一个目标时，他不能正确地指出。所以，当目标以一个简单的特征定义时，他能相对正常地执行搜索任务；但当目标以一组特征定义时，他就完全失败了。可见，在缺乏注意时视觉系统是把目标觉察为毫无联系的一组特征，而这支持了特征整合理论第二阶段的内容。

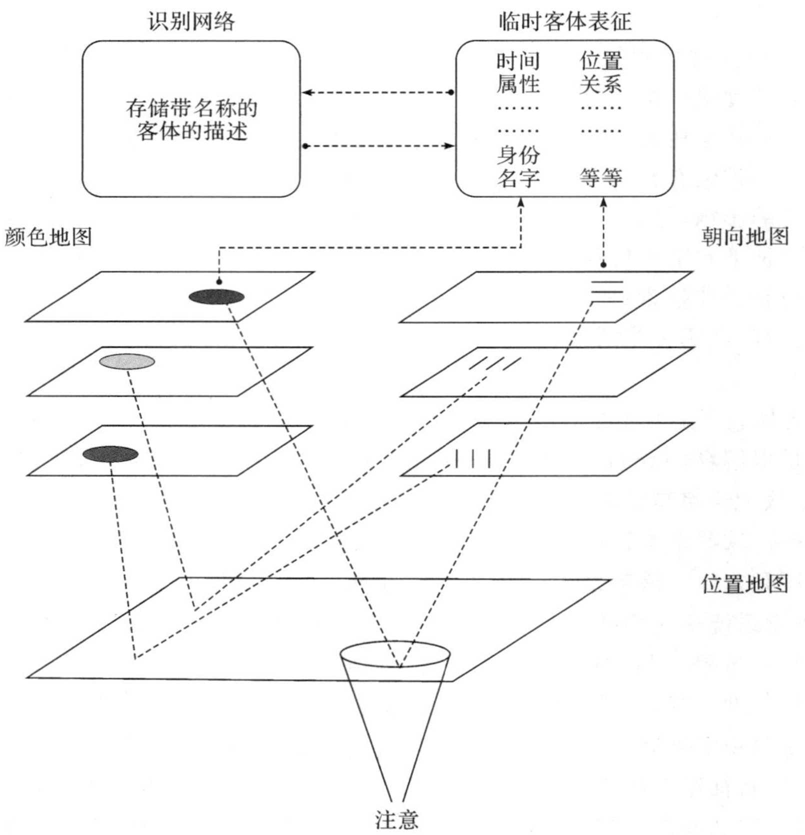

图 9-2　特征整合理论框架示意图，改编自(Treisman & Gormican，1988)

本实验旨在对 Treisman 等人的经典视觉搜索不对称实验进行验证，了解各种视觉搜索不对称现象的特点，并进一步探讨引起视觉搜索不对称的原因及其影响因素。

9.2 实验方法

9.2.1 被试

选取至少 50 名(每种实验顺序至少 25 名)被试的实验数据进行分析。

9.2.2 仪器与材料

IBM-PC 计算机一台，认知心理学教学管理系统。本实验呈现的符号集为"Q"、"O"、"△̣"和"△"，符号的颜色为黑色，每个符号的大小约为 1.5cm×1.5cm。

9.2.3 实验设计与流程

本实验采用三因素被试内设计。因素一为搜索集的大小，该因素共有 3 个水平，分别为：4 个、8 个和 12 个；因素二为干扰子的性质，该因素有 2 个水平，分别为：同质干扰子和异质干扰子；因素三为靶子是否出现，该因素也有 2 个水平，分别为：出现和不出现。被试有两个任务：特征存在搜索任务和特征缺失搜索任务。特征存在搜索任务要求被试在一些不带柄的圆圈和三角形中搜索是否存在一个带柄的圆圈；而特征缺失搜索任务则要求被试在一些带柄的圆圈和三角形中搜索是否存在一个不带柄的圆圈。两个任务的顺序在被试间对抗平衡。

单次试验流程见图 9-3。

对于特征存在搜索任务：首先在屏幕中央呈现一个黑色"+"注视点，500～1500ms 后在屏幕上随机呈现一些符号，这些符号可能包括"△"、"O"和"Q"，其中靶子是"Q"，干扰子是"△"和"O"。被试的任务是判断这些符号中是否存在靶子"Q"，并立即做出按键反应。如果存在按"J"键，不存在则按"F"键。为了减少被试按键过程中的反应定势，生成的实验序列经 Wald-Wolfowitz 游程检验，显著性大于 0.10(双侧)。

对于特征缺失搜索任务：首先在屏幕中央呈现一个黑色"+"注视点，500～1500ms 后在屏幕上随机呈现一些符号，这些符号可能包括"△̣"、"Q"和"O"，其中靶子是"O"，干扰子是"△̣"和"Q"。被试的任务是判断这些符号中是否存在靶子"O"，并立即做出按键反应。如果存在按"J"键，不存在则按"F"键。为了减少被试按键过程中的反应定势，生成的实验序列经 Wald-Wolfowitz 游程检验，显著性大于 0.10(双侧)。

被试做出按键后，会得到相应的反馈，指示被试反应正确与否及反应时。如果被试在字符出现后3000ms内不予以反应，程序将提示反应超时，告诉被试尽快反应。随机空屏600～1300ms后，自动进入下一次试验。

特征存在搜索任务或特征缺失搜索任务实验开始前，从正式实验中随机抽取20次作为练习，练习的时候，无论反应正确、错误或超时均有反馈，但结果不予以记录。练习的正确率达到90%后方可进入正式实验。正式实验在被试做出正确反应后没有提示，反应错误或反应超时则会有提示。正式实验有168次试验，分4组（每组42次），组与组之间分别有一段休息时间。正式实验结束后，进入错误补救程序，即将之前做错的试验再次呈现，直到被试全部反应正确为止。整个实验包括特征存在搜索任务和特征缺失搜索任务两部分，两者全部完成需时约20分钟。

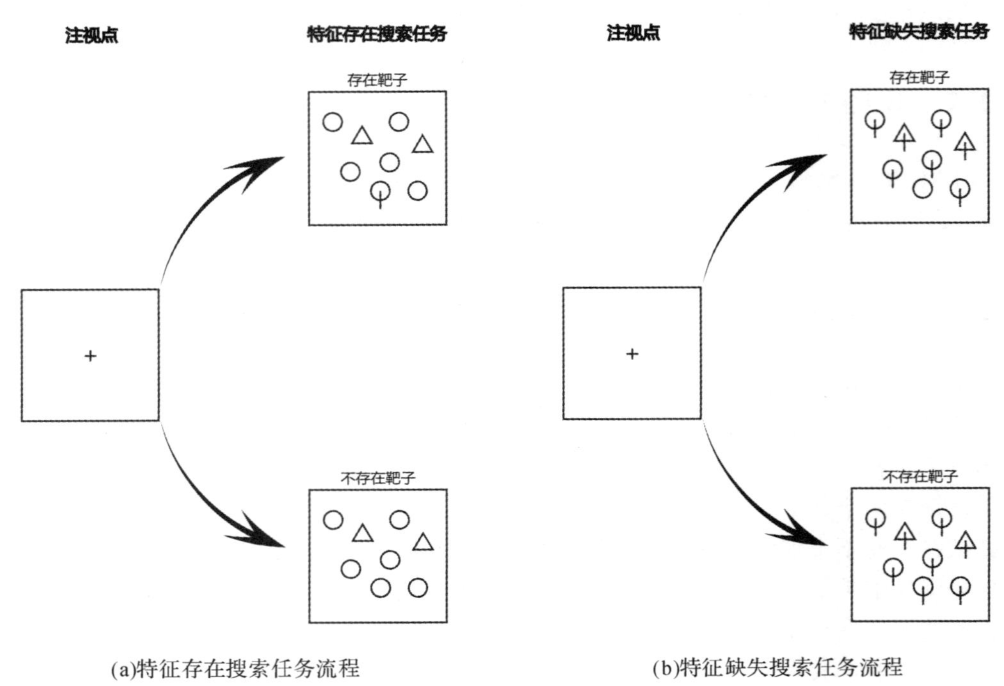

图9-3　视觉搜索不对称实验单次试验流程

9.3　结果分析

1.分别计算每个被试和所有被试在同质干扰子和异质干扰子下对不同搜索集、不同搜索任务（特征存在搜索任务、特征缺失搜索任务）下的平均反应时。

2.以搜索集为横坐标，反应时为纵坐标，分别绘制不同搜索任务条件下，靶子呈现与否的反应时折线图，计算反应时与搜索集间的直线回归方程，并计算搜索斜率和R^2值，考察其是否显著。

3. 分析不同搜索任务下被试反应时和错误率随搜索集的大小有何变化，并考察其是否存在差异。

4. 结合上述实验数据，考察被试在实验过程中是否存在搜索任务的顺序效应。

5*. 采用信号检测论的方法，计算不同搜索任务（特征存在搜索任务与特征缺失搜索任务）下对应的辨别力指数（d'）、反应倾向（β）、判别标准（C）是否存在差异。

9.4 讨 论

1. 不同搜索任务（特征存在搜索任务、特征缺失搜索任务）在各项指标上的差异表明了什么现象？

2. 将所得的实验结果与 Treisman 等人的实验结果进行比较，分析异同的原因。

3. 靶子呈现与否是否会影响搜索斜率？若影响说明了什么现象？若不影响又说明了什么现象？

4. 干扰子的性质（形状）、靶子所处的位置及搜索集大小是否与搜索任务间存在交互作用？如果是，反映了什么问题？

5. 结合本次实验结果和相关文献，探讨发生视觉搜索不对称的原因及其影响因素。

6. 解释视觉搜索的不对称现象主要有哪些理论？

7*. 进一步分析实验数据，你还可以发现什么现象？

9.5 结 论

结合讨论结果，给出本实验的研究结论。

9.6 思考题

1. 如何理解“视觉搜索不对称已成为探究刺激基本特征的‘前注意加工’特性的重要工具”这句话？

2. 请列举你所知道的各类搜索不对称现象。

3. 视觉搜索不对称性对界面（如网页界面、手机界面等）的可用性设计有何启示？

9.7 补充阅读材料

补充阅读

9.8 意见与建议

对该实验程序，你有何意见与建议？

9.9 附　录

9.9.1 如何打开实验数据文件

实验数据文件放在安装程序目录下的 SearchAsymmetry 文件夹下，数据文件名为"Sub_学生学号_学生姓名_视觉搜索不对称实验_DATA_SearchMerge_AP. csv"或者"Sub_学生学号_学生姓名_视觉搜索不对称实验_DATA_SearchMerge_PA. csv"（依被试的实验顺序而不同，AP 代表先做特征缺失搜索任务后做特征存在搜索任务，PA 代表先做特征存在搜索任务后做特征缺失搜索任务）。

9.9.2 实验数据文件说明

实验数据文件列名及其含义见表 9-1。

表 9-1　实验数据文件列名及其含义

序号	列名	列名含义
1	ID	试验号
2	SubName	被试姓名

续表

序号	列名	列名含义
3	SubSex	被试性别
4	SubAge	被试年龄
5	SetSize	搜索集的大小(4、8、12)
6	Distractors	干扰子的性质(Homogeneous—同质,Heterogeneous—异质)
7	Target	靶子是否呈现(Positive—呈现,Negative—不呈现)
8	ResponseTarget	被试对靶子的初始反应(Positive—呈现,Negative—不呈现)
9	DistractorCircles	干扰子圆圈(带柄或不带柄)的数量(0～12)
10	DistractorTriangles	干扰子三角形(带柄或不带柄)的数量(0～12)
11	TarQuadrant	靶子所在象限(NullTarget—无靶子,FirstQuadrant—第一象限,SecondQuadrant—第二象限,ThirdQuadrant—第三象限,FourthQuadrant—第四象限)
12	TarArea	靶子所在区域(NullTarget—无靶子,MiddleArea—中间区域,InnerArea—内部区域,OuterArea—外部区域)
13	SearchTask	搜索任务性质(Absence—特征缺失搜索任务,Presence—特征存在搜索任务)
14	ExptOrder	实验顺序(AP—先做特征缺失搜索任务,后做特征存在搜索任务;PA-先做特征存在搜索任务,后做特征缺失搜索任务)
15	ResponseKey	反应键(J 键—默认,F 键—默认)
16	ISResponseCorrect	反应是否正确(Correct—正确,Wrong—错误)
17	ISPressCorrectKey	是否按对键(PressRightKey—按对键,PressWrongKey—按错键,NoPressKey—没有按键)
18	ReactionTime	反应时(ms)
19	ISRepeated	是否需要错误补救(NonRepeated—不补救,Repeated—补救)
20	RepeatedReactionTime	错误补救后正确反应时(ms)
21	RepeatedTimes	错误补救次数

9.9.3 实验指导语

×××，您好！欢迎您参加“视觉搜索不对称实验”。在进行本实验之前，请先将您的手机关闭或调成静音(会议)模式，谢谢您的配合。

1. 本实验由两个子任务组成：特征存在搜索任务与特征缺失搜索任务。

2. 特征存在搜索任务注意事项：首先屏幕上会呈现一个注视点，而后会出现一些不带柄的圆圈和三角形，您的任务是判断是否存在一个带柄的圆圈，如果存在，请按“J”键，不存在请按“F”键。如果不习惯上述按键可点击菜单“设定反应键(R)”进行调节。

3. 特征缺失搜索任务注意事项：首先屏幕上会呈现一个注视点，而后会出现一些带柄的圆圈和带柄的三角形，您的任务是判断是否存在一个不带柄圆圈，如果存在，请按“J”键，不存在请按“F”键。如果不习惯上述按键可点击菜单“设定反应键(R)”进行调节。

4. 上述任务均是快速反应任务，但务必先保证正确率。如果您的反应很快，但错误率很高的话，您的数据是没办法采用的。

5. 如有不明白的地方，请询问主试。

第10章 短时记忆信息提取实验

10.1 实验背景

利用反应时来研究心理学是实验心理学在方法学上的一个重大创新。1868 年唐德斯(F. C. Donders)提出的减法法(subtraction method),其基本原理是在两个反应时任务(任务一和任务二)中,任务二除了包括任务一所有的心理加工过程外,再加一个额外的心理加工过程。因此,这两个任务的反应时之差就体现了这个额外的心理加工过程所需的时间。其核心假设是从任务一到任务二仅仅是插入了一个新的加工过程,而不改变其他的心理加工过程。

减法法本质是通过实验操纵来增加或减少某个心理加工阶段,通过有包含关系的两个任务的反应时之差来获得两个任务间相差的心理加工所需的时间。该方法在 19 世纪后半叶被大量心理学家广泛使用,并揭示了大量的心理加工过程的存在。但在 20 世纪之初,减法法基于两个原因而备受批评:首先,在某些研究中,平均反应时的差异不仅在被试间很大,而且在不同实验室的结果间也很大。这个问题的产生,首先,可能是由于实验的任务和指导语上存在差别所致。其次,也可能是在一个任务里插入某个新的加工过程时,其他加工过程可能也因此发生改变(例如,刺激加工需求的改变导致反应组织阶段的改变)。如果是这样,那么反应时的差别就不能仅仅归结于插入加工阶段所需的时间。因此,在使用减法法解释实验结果时,需谨慎。

然而,基于反应时分析心理加工过程的研究仍然在继续。借助反应时作为工具来研究心理过程,从知觉编码到心算再到问题解决的各类研究不断涌现。尤其是 20 世纪 60 年代以后,随着认知心理学的兴起,反应时法在心理学研究中更是大放异彩,成为实验心理学和认知心理学的核心范式之一,成为心理学家剖析心理“黑箱”的得力工具。

Sternberg(Sternberg,1969)在唐德斯减法法的基础之上,提出了反应时的加因素法(additive factor method)。加因素法不是对减法法的否定,而是减法法的发展和延伸。其基本假设是:人的信息加工过程是系列而不是平行进行的。因此,完成一个作业

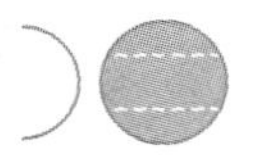

所需的时间是这一系列信息加工阶段所需时间的总和。加因素法实验的逻辑是:如果两个因素的效应是各自作用于不同的加工阶段,是相互独立的,那么它们对整体反应时的效果是可加的;如果两个因素作用于同一个信息加工阶段,那么这两个因素的效应是互相制约的,表现为一个因素的效应可以改变另一因素的效应。因此,加因素法推论:如果两个因素有交互作用,那么它们是作用于同一个加工阶段;而如果两个因素不存在交互作用,也即相互独立,那么它们作用于不同的加工阶段。图 10-1 为上述逻辑的示意图。

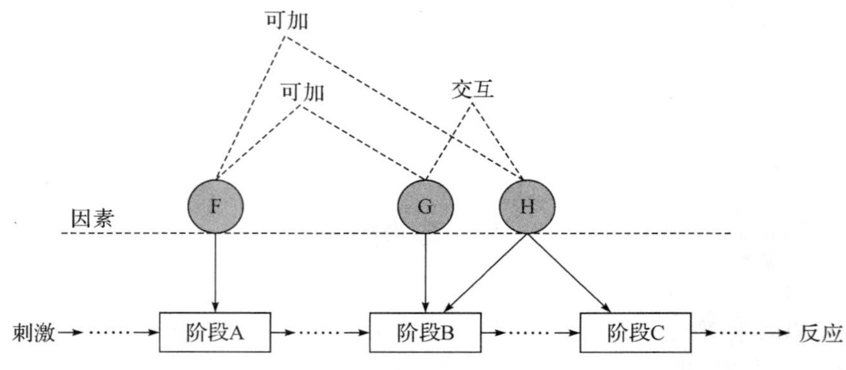

图 10-1　各因素对反应时各个阶段的影响示意图

在图 10-1 中,我们可以看出,F 因素影响阶段 A,G 因素影响阶段 B,而 H 因素则共同影响阶段 B 和阶段 C。由于 F 因素和 G 因素分别独立作用于阶段 A 和阶段 B,因此 F 因素和 G 因素对整体反应时的效果是可加的(注:F 因素和 H 因素对整体反应时的效果也是可加的),结果表现为图 10-2。但是由于 G 因素和 H 因素共同作用于阶段 B,因此,它们对整体反应时的效果表现为存在交互作用,结果表现为图 10-3。

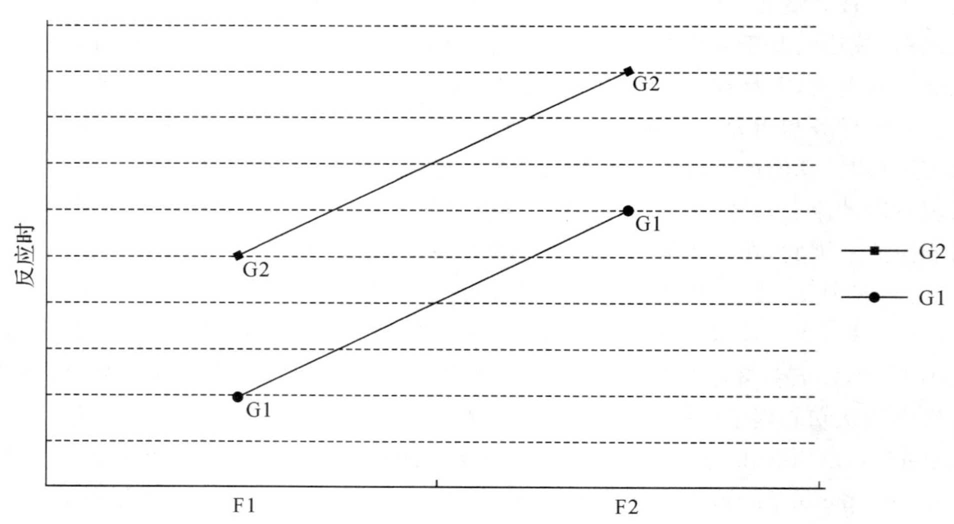

图 10-2　F 因素和 G 因素对整体反应时的叠加

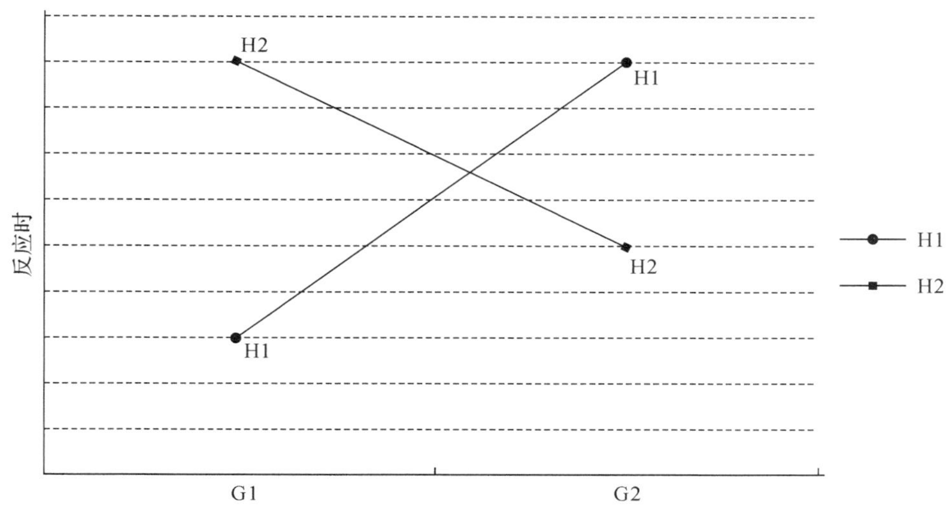

图 10-3 G 因素和 H 因素对整体反应时的交互作用

可见，加因素法不像减法法那样通过实验操纵来增加或减少某个反应时阶段，以区分每个阶段所需的加工时间；而是通过实验操纵各种影响因素来改变整体反应时，继而通过分析各种条件下整体反应时的相互关系来推断不同加工阶段的存在和顺序及各种影响因素间的关系，并最终推断整个信息加工的过程。

Sternberg(Sternberg，1969) 为此设计了一个项目辨别范式(item-recognition paradigm)，并在此基础上设计了一系列实验，以证实加因素法的可行性。

项目辨别范式本质上属于短时记忆提取实验的范畴，在该范式中，刺激集由一组项目构成，实验时每次从刺激集中随机选取部分刺激项目作为记忆集(positive set)，未被选中的剩余刺激项目作为补集(negative set)。实验任务是要求被试记住该记忆集中所有项目，并在随后呈现一个测试项目让被试判断该项目是否源自该记忆集，如果是，则做出“是”反应，否则，做出“否”反应。最终，记录从刺激呈现到反应做出所需的时间。利用该范式，Sternberg 通过实验从反应时的变化上确定了对该反应任务对应的信息提取有独立作用的四个因素：识记项目的质量(清楚的或模糊的)、识记项目的数量、反应类型(肯定的或否定的)、每个反应类型的相对频率(25%、75%)。据此，Sternberg 认为短时记忆信息提取过程包含相应的四个独立加工阶段，即刺激编码阶段、系列比较阶段、二择一的决策阶段和反应组织阶段。其中，识记项目的质量对刺激编码阶段起作用，识记项目的数量对系列比较阶段起作用，反应类型对决策阶段起作用，反应类型的相对频率对反应组织阶段起作用，具体参见图 10-4。图中箭头表明信息流动的方向，虚线连接起作用的因素。从图中可以看到，从短时记忆中提取信息的过程包括刺激编码、系列比较、决策和反应组织四个依次进行的加工阶段。

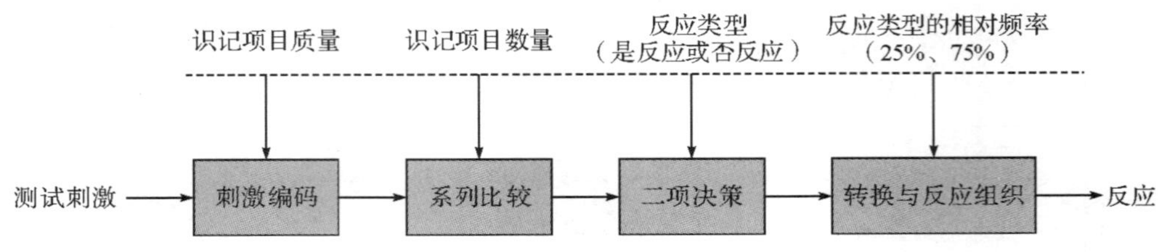

图 10-4　项目辨别过程的四个阶段

本实验旨在对 Sternberg 提出的短时记忆提取实验进行验证，了解项目辨别范式的原理及流程，并进一步加深对加因素法实验逻辑及其特点的掌握。

10.2　实验方法

10.2.1　被试

选取至少 40 名被试的实验数据进行分析。

10.2.2　仪器与材料

IBM-PC 计算机一台，认知心理学教学管理系统。本实验呈现的项目集为“0～9”的数字，共计 10 个刺激集项目，每个数字的大小约为 8.6cm×8.6cm。

10.2.3　实验设计与流程

实验采用两因素被试内设计，因素一为记忆集的大小，该因素有 7 个水平（1～7 个项目数），因素二为刺激的清晰程度，该因素有 2 个水平，分别为：完整清楚、模糊不清（通过将刺激放置在黑白棋格上实现）。具体参见图 10-5。

图 10-5　实验中采用的识记项目材料

单次试验流程如图 10-6 所示。首先，在屏幕中央呈现一个“＋”注视点。随机 500～1500ms 后，注视点消失，而后依次系列呈现一组“0～9”的数字项目（记忆集），项目数从 1～7 个不等，每个数字呈现的时间为 1200ms，最后一个数字呈现完毕后呈现一个“！”，以示被试注意，2000ms 后，呈现测试数字。

实验中要求被试记住呈现的记忆集，并判断随后出现的探测刺激是否为记忆集中的一个，并做出反应。被试的任务是判断该测试数字是否为之前呈现的记忆集中的一个。如果是按“J”键，不是则按“F”键。为了减少被试按键过程中的反应定势，生成的实验序列经 Wald-Wolfowitz 游程检验，显著性大于 0.10（双侧）。

被试做出按键反应后，会得到相应的反馈，指示被试反应正确与否及相应的反应时。如果被试在测试数字出现后 2000ms 内不予以反应，程序将提示反应超时，告诉被试尽快反应。随机空屏 600～1300ms 后，自动进入下一次试验。

实验开始前，从正式实验中随机抽取 20 次作为练习，练习时，每次均有反馈，但结果不予以记录。练习的正确率达到 95％后方可进入正式实验。正式实验在被试做出正确反应后没有提示，反应错误或反应超时则会有提示。正式实验有 560 次试验，分 4 组（每组 140 次），组与组之间都有一段休息时间。正式实验结束后，进入错误补救程序，即将之前做错的试验再次呈现，直到被试全部反应正确为止。整个实验持续约 120 分钟。

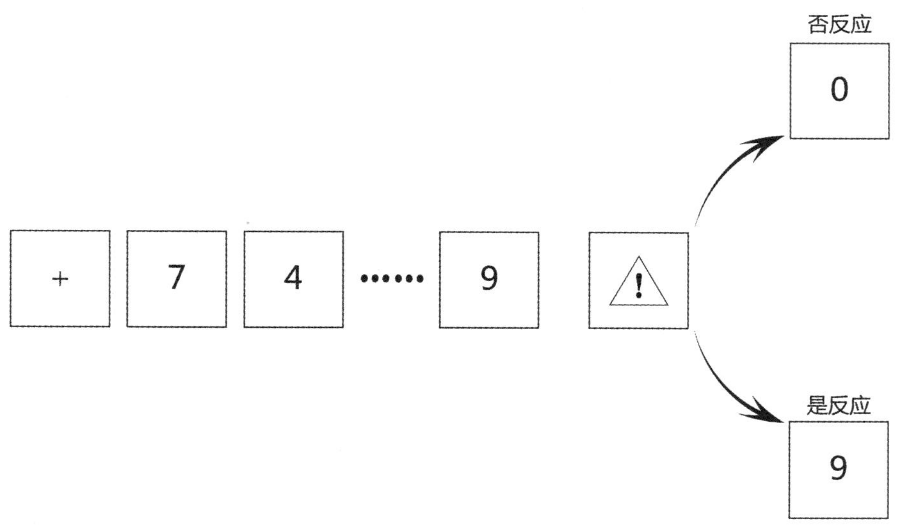

图 10-6　短时记忆信息提取实验单次试验流程

10.3　结果分析

1. 分别计算每个被试和所有被试在刺激不同清晰程度（完整清楚、模糊不清）的条

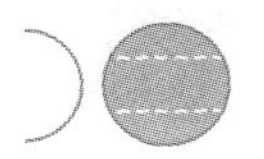

件下对不同记忆集的平均反应时。

2. 以记忆集为横坐标，反应时为纵坐标，分别绘制刺激不同清晰程度条件下，靶子呈现与否的反应时折线图，并计算反应时与记忆集间的直线回归方程、对应直线的斜率和 R^2 值，考察其是否显著。

3. 在靶子出现的条件下，以靶子所在记忆集中的位置为横坐标，反应时为纵坐标，分别绘制不同记忆集条件下的反应时折线图，并计算不同记忆集条件下，反应时与靶子所在记忆集中的位置间的直线回归方程、对应直线的斜率和 R^2 值，考察其是否显著。

4. 分析靶子呈现与否和刺激清晰程度与记忆集的大小是否存在交互作用。

5. 在刺激不同清晰程度条件下被试反应时和错误率随记忆集的大小有何变化？考察其是否存在差异。

6. 结合上述实验数据，考察被试在实验过程中是否存在练习效应。

10.4 讨 论

1. 请简述加因素法和减法法各自的特点(如何理解“加因素法”这个“加”字和“减法法”这个“减”字)、实验逻辑及应用的场景。

2. 靶子呈现与否是否会影响短时记忆项目的提取效率？两者的差异说明了什么现象？请简述其内在逻辑。

3. 刺激的清晰程度对反应时的影响表明了什么现象？请简述其内在逻辑。

4. 靶子所在记忆集中的位置及搜索集大小对反应时的影响表明了什么现象？请简述其内在逻辑。

5. 结合本次实验结果和相关文献，分析短时记忆项目信息提取过程中可能会受到哪些因素的影响。

6. 将所得的实验结果与 Sternberg 的实验结果进行比较，分析异同的原因。

7*. 进一步分析实验数据，你还可以发现什么现象？

10.5 结 论

结合讨论结果，给出本实验的研究结论。

10.6 思考题

1. 唐德斯减数法有哪三条基本假定？

2. Sternberg 加因素法有哪三条基本假定？

3. 在项目辨别范式中，为何“在已经搜索到匹配项目时”被试仍然采用穷尽搜索而非自终止搜索的策略？被试是否有可能采用自终止搜索策略？如果是，在何种情景下会采用上述策略？

10.7 补充阅读材料

补充阅读

10.8 意见与建议

对该实验程序，你有何意见与建议？

10.9 附 录

10.9.1 如何打开实验数据文件

实验数据文件放在安装程序目录下的 ItemRecognition 文件夹下，数据文件名为“Sub_学生学号_学生姓名_短时记忆信息提取实验_DATA.csv”。

10.9.2 实验数据文件说明

实验数据文件列名及其含义见表 10-1。

表 10-1 实验数据文件列名及其含义

序号	列名	列名含义
1	ID	试验号
2	SubName	被试姓名
3	SubSex	被试性别

续表

序号	列名	列名含义
4	SubAge	被试年龄
5	SetSize	记忆集的大小(1～7)
6	TargetResponse	靶子是否呈现(Positive—呈现,Negative—不呈现)
7	StimulusRepresentation	识记项目的质量(Degraded—模糊不清,Intact—完整清楚)
8	NumeralEnsemble	识记项目集
9	TestStimulusPosition	测试项目在识记项目集中的位置
10	Target	测试项目
11	ResponseKey	反应键(J 键—默认,F 键—默认)
12	ISResponseCorrect	反应是否正确(Correct—正确,Wrong—错误)
13	ISPressCorrectKey	是否按对键(PressRightKey—按对键,PressWrongKey—按错键,NoPressKey—没有按键)
14	ReactionTime	反应时(ms)
15	ISRepeated	是否需要错误补救(NonRepeated—不补救,Repeated—补救)
16	RepeatedReactionTime	错误补救后正确反应时(ms)
17	RepeatedTimes	错误补救次数

10.9.3 实验指导语

×××,您好！欢迎您参加“短时记忆信息提取实验”。在进行本实验之前,请先将您的手机关闭或调成静音(会议)模式,谢谢您的配合。

1. 首先,屏幕上会呈现一个注视点,紧接着注视点消失,会在屏幕中央一个接一个地呈现一组 0～9 的数字,呈现完毕后,紧接着呈现一个“!”,而后会再次呈现一个测试数字,您的任务是记住刚刚呈现的这组数字,并判断后面出现的这个测试数字是否为之前呈现的这组数字中的任意一个,如果是按“J”键,不是则按“F”键。如果不习惯这两个键可以点击菜单“设定反应键(R)”进行调节。

2. 该任务是一个快速反应任务,但务必先保证正确率。如果您反应很快,但错误率很高的话,您的数据是没办法采用的。

3. 如有不明白的地方,请询问主试。

第11章 Stroop 效应实验

11.1 实验背景

Stroop 效应是由美国心理学家 John Ridley Stroop 于 1935 年发现的。当时，他在实验中发现，当命名一个用红墨水写的字的颜色时，有意义刺激（如“绿”字）要比无意义刺激（如“卍”字）的反应时间更长（Stroop，1935）。这种同一刺激的字色信息（红）与词义信息（绿）相互发生干扰的现象称为 Stroop 效应，从广义的角度看，Stroop 效应反映的是对一个刺激的两个维度的加工发生相互干扰的现象，如图 11-1 所示。

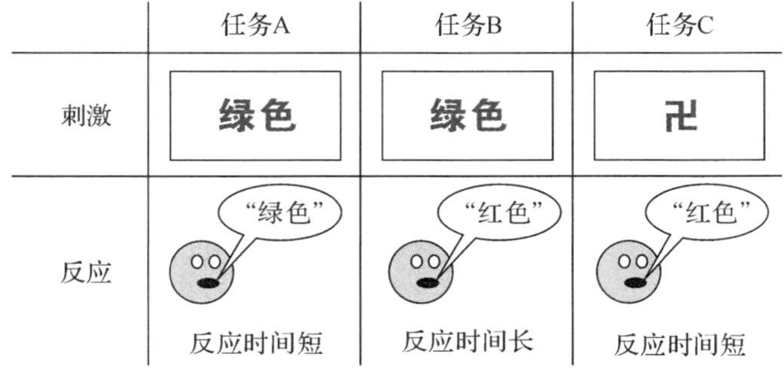

图 11-1　Stroop 效应示意图

Stroop 效应自发现以来，对认知心理学实验有很大的影响。相关的研究范式越来越多，研究领域也越来越广。一开始的时候主要是注意、认知、语言等基础学科，到后来发展到情绪、记忆、脑、神经科学等领域，近年来更将 Stroop 效应的研究扩展到应用层面。

Stroop 是在研究干扰效应（当时也被称为抑制效应）时发现上述现象的。在实验中，通过比对“字色矛盾”组的字色命名速度与单纯色块组的命名速度，考察了字义对颜色辨别（命名）的影响；通过对比“字色矛盾”组的彩色字的阅读速度和“字色无关”的黑

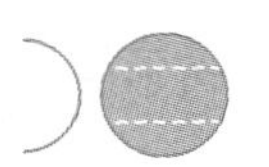

色字的阅读速度，考察了字色对字义辨别的影响。结果发现，字义对字色辨别有显著的影响（平均干扰量为 47.0 秒/100 单词），但字色对字义的辨别则几乎没有影响（平均干扰量为 2.3 秒/100 单词）。进一步的实验则发现，通过大量练习可以显著降低字义对字色命名的干扰。

对于 Stroop 效应的解释，主要有以下五种理论假设（MacLeod，1991）。Stroop 早年的解释接近于早期的相对加工速度理论和自动化理论。而随着各种理论的发展，平行分布加工模型是迄今解释 Stroop 效应的最好的理论模型。

理论一：相对加工速度理论（赛马理论）。这一理论的依据是字义辨别要快于字色辨别。该理论认为，人们对刺激的两个维度——字色和字义的加工是平行的，但加工速度不同，字义辨别要快于颜色辨别，所以字词的加工先达到反应阶段。如果字词信息与颜色信息一致，就对颜色辨别产生促进；相反，如果不一致，则对颜色辨别产生干扰。由于颜色辨别晚于字义辨别，故颜色信息不会对字义辨别产生影响。然而，该理论不能解释当两个刺激维度不同时呈现时所发现的实验结果。

理论二：自动化理论。该理论区分了自动化加工和控制加工这两个概念。自动化加工是指加工较快，不需要注意、能随意发生的加工；而控制加工则较慢，需要注意的参与和控制。在 Stroop 任务中，字义加工属于自动加工，而字色加工则属于控制加工。因此，字义辨别能对颜色辨别产生干扰而反之则不能。近年来的研究表明，自动化加工会随学习的进展而呈梯度变化。

理论三：知觉编码理论。该理论认为，在 Stroop 效应中，颜色信息的知觉编码被来自颜色词的不匹配信息所减慢。有证据表明，Stroop 效应不仅发生在知觉编码阶段，而且也发生在加工阶段。

理论四：Logan 的平行加工模型。该模型把 Stroop 效应看成是从刺激各维度收集证据进行决策的过程。其中，刺激的每个维度的加工速度由其权重决定，而权重又影响每个维度对决策的贡献的大小，权重越大，影响也就越大。如果来自某一维度的证据和要求反应维度一致，就会降低反应阈限，从而加快该维度的加工速度，反之则会减慢。

理论五：平行分布加工（parallel distributed processing，PDP）模型，又称神经网络模型。PDP 系统由很多相互联结的模块组成。每个模块包括许多简单的相互联结的加工单元，每个加工单元负责接收来自其他单元的输入并提供输出。（注意能调节加工单元的各项操作，使其成为另一加工单元的信息源。）每条通路由一组相互联结的模块组成。当 PDP 系统在完成某项任务时，它会选择一条通路，通路中的联结确定了通路的强度和通路的选择，从而也确定了信息加工的速度与准确性。PDP 系统的信息加工就是通过激活不同强度的通路传播而进行的，由于通路可能重叠，因此，信息加工允许发生干扰或促进现象（交互作用）。

在 Stroop 效应的 PDP 模型中，有两条通路，一条加工颜色信息，一条加工字词信息，如图 11-2 所示。信息加工从输入单元开始，自下而上进行到输出单元，其中的一个输出单元积累的激活水平超过阈限就会产生反应。在系统中每个单元的激活水平是到达那里的输入权重和，系统能够进行学习，通过训练能做到特定的情况下产生特定的反

应。在模型中，注意的控制是通过调整两个通道中单元的静止激活水平来起作用的。根据任务要求，将相应通道中单元的净输入调整到逻辑激活函数的最敏感区。

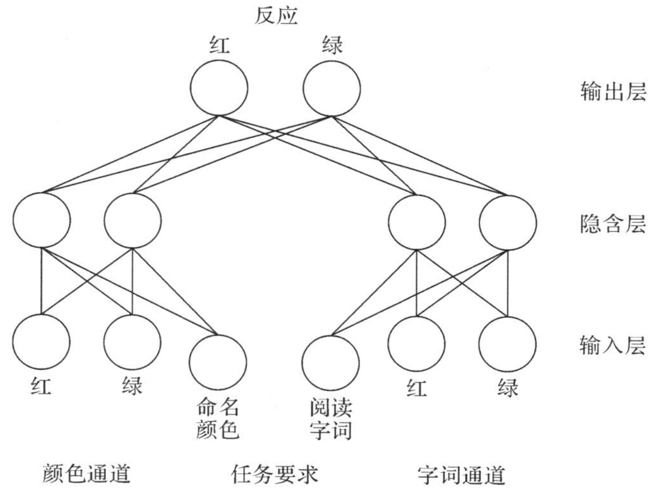

图 11-2　Stroop 效应的 PDP 模型

本实验旨在对 Stroop 等人的经典实验进行验证，探讨 Stroop 效应产生的可能原因及其内在机制。

11.2　实验方法

11.2.1　被试

选取至少 50 名(每种实验顺序至少 25 名)被试的实验数据进行分析。

11.2.2　仪器与材料

IBM-PC 计算机一台，认知心理学教学管理系统。本实验呈现的字符集为“绿”、“缶”和“红”，字符有三种颜色：红色、绿色和黑色，每个字符的大小约为 2.0cm×2.0cm。

11.2.3　实验设计与流程

本实验采用单因素被试内设计。自变量有 3 个水平：字色一致、字色矛盾和字色无关。被试有两个任务：辨色任务和识字任务。辨色任务要求被试对字色做出判断；而识

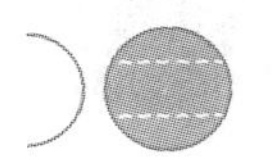

字任务则要求被试对字义做出判断。两个任务的顺序在被试间对抗平衡。

单次试验流程见图 11-3。

对于辨色任务：首先在屏幕中央呈现一个黄色“＋”注视点，500～1500ms 后在屏幕中央呈现第一个字符，该字符的颜色有可能是红色或绿色，被试的任务是判断该字符是红色还是绿色，并立即做出按键反应。如果是绿色按“F”键，是红色则按“J”键。为了减少被试按键过程中的反应定势，生成的实验序列经 Wald-Wolfowitz 游程检验，显著性大于 0.10（双侧）。

对于识字任务：首先在屏幕中央呈现一个黄色“＋”注视点，500～1500ms 后在屏幕中央呈现第一个字符，该字符有可能是“红”字或“绿”字，被试的任务是判断该字符是“红”字还是“绿”字，并立即做出按键反应。如果是“绿”字按“F”键，是“红”字则按“J”键。为了减少被试按键过程中的反应定势，生成的实验序列经 Wald-Wolfowitz 游程检验，显著性大于 0.10（双侧）。

被试做出按键反应后，会得到相应的反馈，指示被试反应正确与否及反应时。如果被试在字符出现后 1000ms 内不予以反应，程序将提示反应超时，告诉被试尽快反应。随机空屏 600～1300ms 后，自动进入下一次试验。

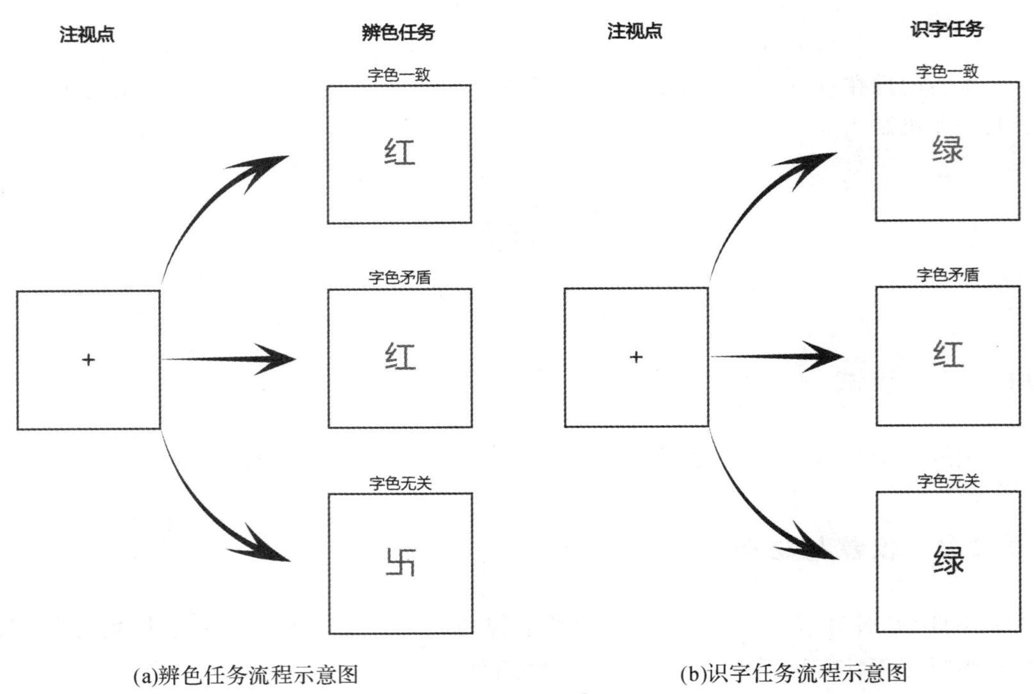

图 11-3　Stroop 效应实验单次试验流程

辨色任务或识字任务实验开始前，从正式实验中随机抽取 20 次作为练习，练习的时候，无论反应正确、错误或超时均有反馈，但结果不予以记录。练习的正确率达到 90％后方可进入正式实验。正式实验在被试做出正确反应后没有提示，反应错误或反应超时则会有提示。正式实验有120次试验，分4组（每组30次），组与组之间都有一段休息时间。正式实验结束后，进入错误补救程序，即将之前做错的试验再次呈现，直到被试全部反应正确为止。整个实验包括辨色任务和识字任务两部分，两者全部完成约需要30分钟。

11.3 结果分析

1. 分别计算每个被试和所有被试在识字任务和辨色任务下字色一致、字色矛盾和字色无关条件下的平均反应时和平均错误率，并考察其是否存在差异。

2. 以任务性质为横坐标，反应时为纵坐标，绘制字色一致、字色矛盾和字色无关条件下的柱形图。

11.4 讨　论

1. 分析实验数据，说明实验中是否存在干扰现象（识字干扰辨色或辨色干扰识字）的发生，干扰现象是否存在性别差异。

2. 将所得实验结果与Stroop当年的实验结果进行比较，分析异同的原因（重点分析不同的原因，请结合11.6补充阅读材料）。

3. 结合上述实验数据，考察被试在实验过程中是否存在Stroop效应的顺序效应和练习效应。

4. 结合实验结果，探讨Stroop效应的影响因素。

5. 结合11.6补充阅读材料，请解释什么是reserve stroop effect（Stroop效应反转）、emotional stroop task（情绪Stroop任务）。

6. Stroop效应范式有哪些实验变式？请举例说明。

7*. 进一步分析实验数据，你还可以发现什么现象？

11.5 结　论

结合讨论结果，给出本实验的研究结论。

11.6 补充阅读材料

Stroop 效应相关资料

在线阅读

Stroop 中文实验材料(中文色词测验表)

➢ (念字) 红 绿 蓝 黄 蓝 绿 黄 红 绿 红 黄 蓝
(颜色) 黑 黑 黑 黑 黑 黑 黑 黑 黑 黑 黑 黑

➢ (念字) 绿 红 黄 蓝 绿 红 黄 蓝 黄 红 蓝 绿
(颜色) 蓝 绿 红 黄 红 黄 蓝 绿 绿 蓝 红 黄

➢ (唱色) 绿 红 黄 蓝 绿 红 黄 蓝 黄 红 蓝 绿
(颜色) 蓝 绿 红 黄 红 黄 蓝 绿 绿 蓝 红 黄

➢ (唱色) 卍 卍 卍 卍 卍 卍 卍 卍 卍 卍 卍 卍
(颜色) 红 绿 蓝 黄 黄 红 蓝 绿 蓝 红 黄 绿

➢ (唱色) 心 友 上 放 上 有 心 放 友 心 放 上
(颜色) 蓝 绿 红 黄 绿 红 蓝 红 红 黄 绿 蓝

➢ (唱色) 蛋 草 花 天 鹅 海 墙 火 竹 金 菜 叶
(颜色) 蓝 黄 绿 红 黄 红 绿 蓝 蓝 绿 红 黄

➢ (唱色) 棕 紫 灰 黑 灰 黑 紫 棕 灰 棕 黑 紫
(颜色) 红 绿 黄 蓝 红 黄 蓝 绿 蓝 黄 绿 红

11.7 意见与建议

对该实验程序,你有何意见与建议?

11.8 附 录

11.8.1 如何打开实验数据文件

实验数据文件放在安装程序目录下的 StroopEffect 文件夹下,数据文件名为"Sub_

学生学号_学生姓名_Stroop 效应实验_DATA_StroopMerge_AB. csv"或者"Sub_学生学号_学生姓名_Stroop 效应实验_DATA_StroopMerge_BA. csv"(依被试的实验顺序而不同,AB 代表先做辨色任务后做识字任务,BA 代表先做识字任务后做辨色任务)。

11.8.2 实验数据文件说明

实验数据文件列名及其含义见表 11-1。

表 11-1 实验数据文件列名及其含义

序号	列名	列名含义
1	ID	试验号
2	SubName	被试姓名
3	SubSex	被试性别
4	SubAge	被试年龄
5	WordColor	字符颜色(红、绿、黑)
6	Word	字符(红、绿、卐)
7	Task	任务性质(NamingColor_A—辨色任务,ReadingColorName_B—识字任务)
8	Consistence	是否字色一致或无关(UnRelated—字色无关,InConsistent—字色矛盾,Consistent—字色一致)
9	ExptOrder	任务顺序(AB—先辨色后识字,BA—先识字后辨色)
10	ResponseKey	反应键(J 键—默认,F 键—默认)
11	ISResponseCorrect	反应是否正确(Correct—正确,Wrong—错误)
12	ISPressCorrectKey	是否按对键(PressRightKey—按对键,PressWrongKey—按错键,NoPressKey—没有按键)
13	ReactionTime	反应时(ms)
14	ISRepeated	是否需要错误补救(NonRepeated—不补救,Repeated—补救)
15	RepeatedReactionTime	错误补救后正确反应时(ms)
16	RepeatedTimes	错误补救次数

11.8.3 实验指导语

×××,您好！欢迎您参加“Stroop 效应实验”。在进行本实验之前,请先将您的手机关闭或调成静音(会议)模式,谢谢您的配合。

1. 本实验由两个子任务组成:辨色任务与识字任务。

2. 辨色任务注意事项:首先屏幕上会呈现一个注视点,而后会出现一个汉字,该汉字的颜色可能是绿色或红色,您的任务是对字色(而非字义)做出反应。绿色的反应键为“F”键,而红色的反应键为“J”键。如果不习惯上述按键可点击菜单“设定反应键(R)”进行调节。

3. 识字任务注意事项:首先屏幕上会呈现一个注视点,而后会出现一个汉字,该汉字可能是“绿”字或“红”字,您的任务是对字义(而非字色)做出反应。绿字的反应键为“F”键,而红字的反应键为“J”键。如果不习惯上述按键可点击菜单“设定反应键(R)”进行调节。

4. 上述任务均是快速反应任务,但务必先保证正确率。如果您的反应很快,但错误率很高的话,您的数据是没办法采用的。

5. 如有不明白的地方,请询问主试。

第12章 视觉感觉记忆实验

12.1 实验背景

认知心理学始于 20 世纪 60 年代，该流派采用信息加工的观点看待人的认知活动，认为人的认知活动可以看作是对信息进行加工的过程。在记忆研究领域，认知心理学认为，记忆是一个结构性信息加工系统，是人脑对输入的信息进行编码、储存和提取的过程。按信息的编码、储存和提取方式以及信息储存时间长短的不同，将记忆分为瞬时记忆、短时记忆和长时记忆三个系统。这三个记忆系统的关系如图 12-1 所示。

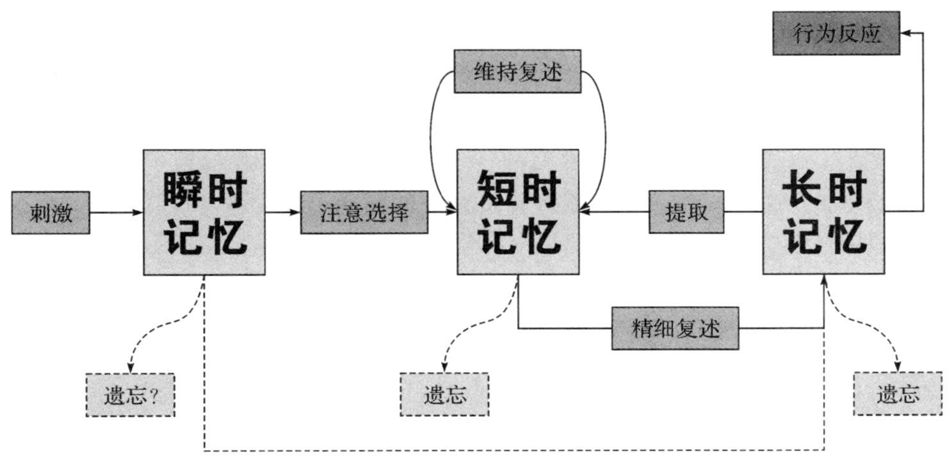

图 12-1　三个记忆系统的关系

瞬时记忆(immediate memory)又称感觉记忆(sensory memory)，是记忆系统的开始阶段，也称感觉登记，是记忆的一种原始的感觉形式，感觉记忆在外界刺激停止作用后，为后续的信息加工提供了可能，其编码的主要形式依赖于信息的物理特征，因而具有鲜明的形象性。视觉感觉记忆的存在最早是由 Sperling(Sperling,1960)经实验证实的。Sperling 发现,短暂呈现的视觉信息,如不经注意的进一步加工,就会迅速消失。表现为“看见的比记住的多”。因此,短暂呈现记忆项后,让被试报告记住的项目数,实际上测定的是被试最终记住的项目而非起初知觉到的项目。

为了能测定被试在短暂呈现视觉信息后,到底有多少信息可以被“获取”,Sperling 发明了一种“部分报告法”。“部分报告法”是相对于“整体报告法”而言的,部分报告法相当于学校组织的一次普通考试——从试题库中抽取一部分考题来考查(估计)学生知识掌握的水平。为此,每次刺激全部呈现,但只随机抽取一部分内容进行报告,通过多次取样,实现对所获取信息量的准确估计。例如,在实验中,给被试呈现三行三列字符(字母或数字的组合),50ms 后消失。如果采用全部报告法,被试平均报告出 4.3(3.8~5.2)个项目;但如果采用部分报告法,并采用音高(高、中、低三个音调)作为回忆线索,只让被试随机回忆其中一行,通过一定量的训练后,被试通常都能回忆每行的 2~3 个项目。由于采用部分报告,因此,被试能真正“获取”的信息量为每行回忆信息量的 3 倍,即 6~9 个项目。而后,通过改变声音信号的滞后时间,即在呈现信息消失后过一段时间再让被试做部分报告,借此可以进一步推测视觉影像的存储时间。结果发现,随着声音信号的延迟,部分报告法的回忆成绩开始迅速下降。当延迟 500ms 时,部分报告法所得结果与全部报告法接近;当延迟 1000ms 时,两者就几乎没有差别了。因此,Sperling 把这种保持时间很短,时间在 1000ms 以内的记忆称为瞬时记忆或感觉记忆。一般把视觉的瞬时记忆叫图像记忆(iconic memory),而把听觉的瞬时记忆叫声像记忆(echoic memory)。Darwin 等人(Darwin,Turvey,Crowder,1972)对声像记忆的性质进行了研究,发现声像记忆的容量要比图像记忆小,平均为 5 个左右,但声像记忆的保持时间要比图像记忆长,最长可达 4s。

瞬时记忆有如下的特点:(1)瞬时记忆的编码方式是外界刺激物的形象。因为瞬时记忆的信息首先是以感觉后像的形式在感觉通道内加以登记的,因此,瞬时记忆具有鲜明的形象性。(2)瞬时记忆的容量很大,但保持的时间短。其容量至少为 9 个以上,而图像记忆保持的时间为 0.25~1s,声像记忆保持的时间可以超过 1s,但不会长于 4s,其平均容量为 5 个左右。(3)对瞬时记忆中的信息加以注意选择,选择的信息就被转入短时记忆,而没被注意选择的信息就会立刻消退。

本实验旨在对 Sperling 的经典感觉记忆实验进行验证,了解整体报告法与部分报告法的异同点,并进一步探讨感觉记忆的特点及其容量的影响因素。

12.2 实验方法

12.2.1 被试

选取至少 30 名被试的实验数据进行分析。

12.2.2 仪器与材料

IBM-PC 计算机一台，认知心理学教学管理系统。本实验呈现的字符集为“3”、“4”、“6”、“7”、“9”与“C”、“F”、“G”、“H”、“J”、“K”、“L”、“M”、“N”、“P”、“R”、“T”、“V”、“W”、“X”、“Y”，共计 21 个。之所以选取上述字符，原因有两点：第一，只选用辅音字母，可以最大限度减弱被试将字符数组解释为单词加以记忆的可能；第二，由于 0 与 O 和 D、8 与 B、5 与 S、1 与 I、2 与 Z，容易发生混淆，故将上述字符一并排除。每个字符的大小约为 1.2cm×1.2cm。

12.2.3 实验设计与流程

本实验采用 $A^4 \times B^3 \times C^5 \times D^2 \times E(D)^4$ 五因素被试内设计。因素一为识记项目数，该因素有 4 个水平，分别为：3 个（3 行 1 列）、6 个（3 行 2 列）、9 个（3 行 3 列）、12 个（3 行 4 列）；因素二为刺激暴露时间，该因素有 3 个水平，分别为：50ms、200ms 和 500ms；因素三为线索延迟时间，该因素有 5 个水平，分别为：0ms、150ms、300ms、500ms 和 1000ms；因素四为结果报告方式，该因素有 2 个水平，分别为：整体报告法和部分报告法；因素五为线索呈现位置，该因素有 4 个水平，分别为：上（只回忆上面一行）、中（只回忆中间一行）、下（只回忆下面一行）及全部（上中下三行全部回忆），该因素嵌套在因素四的“结果报告方式”中，即只有部分报告法有上、中、下三种回忆线索，而全部报告法只有全部回忆线索。

单次试验流程见图 12-2。首先，在屏幕中央呈现 3 个“+”注视点，每行 1 个，共 3 个，以指示每行均会出现字符。随机 1000～2000ms 后，注视点消失，而后呈现 3 行多列（1 到 4 列不等）字符（字母或数字的组合）。字符呈现一段时间（50ms、200ms 或 500ms）后消失，接着空屏一段时间（0ms、150ms、300ms、500ms 或 1000ms）后在原来字符呈现的位置上出现数个文本框，文本框即对应的回忆线索。

被试的任务是尽可能多地记住这些字符，并将这些字符填入与文本框对应的位置上。只有字符与其位置一一对应，才算正确。被试填写完毕以后，按回车键以确认，而后会得到相应的反馈，以指示被试识记对的项目数，600ms 后，自动进入下一次试验。

实验开始前，从正式实验中随机抽取 20 次作为练习，练习时，每次均有反馈，但结果不予以记录。被试练习到能平均记住 2.5 个项目后方可进入正式实验。正式实验每次亦有反馈，以提高被试的动机水平。正式实验共有 483 次试验，分 7 组(前 6 组中每组 80 次，最后 1 组只有 3 次)，组与组之间分别有一中断，被试可自行控制休息时间。整个实验持续约 90 分钟。

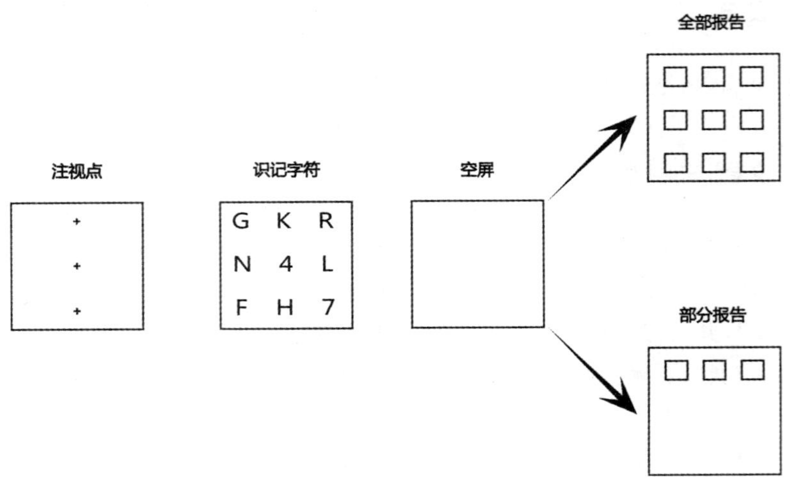

图 12-2　视觉感觉记忆实验单次试验流程

12.3　结果分析

1. 分别计算每个被试和所有被试在不同刺激暴露时间下整体报告法与部分报告法所识记的项目数，并考察其是否存在差异。

2. 以刺激暴露时间为横坐标，识记项目数为纵坐标，绘制整体报告法与部分报告法下的关系折线图。

3. 分别计算每个被试和所有被试在不同线索延迟时间下整体报告法与部分报告法所识记的项目数，并考察其是否存在差异。

4. 以线索延迟时间为横坐标，识记项目数为纵坐标，绘制整体报告法与部分报告法下的关系折线图。

5. 分别统计所有被试上、中、下三行每行的识记项目数，考察其是否存在差异。

6. 分别统计不同识记项目结构(3×1、3×2、3×3、3×4)下整体报告法与部分报告法所识记的项目数，并考察其是否存在差异。

12.4 讨 论

1.将所得实验结果与 Sperling 当年的实验结果进行比较，分析异同的原因。

2.结合实验数据，分析整体报告法、部分报告法以及延迟报告法中识记项目有何差异，并说明这种差异的原因。

3.结合实验数据，考察被试在实验过程中是否存在练习效应。

4.结合上述实验结果，探讨瞬时记忆的影响因素及其性质。

5.结合实验数据，考察被试在实验过程中是否存在对字符位置的识记偏好。如果有，为何会产生这种偏好？是否可以通过实验设计来减弱或消除这种偏好？

6*.进一步分析实验数据，你还可以发现什么现象？

12.5 结 论

结合讨论结果，给出本实验的研究结论。

12.6 思考题

如何用整体报告法和部分报告法设计一个听觉的感觉记忆实验？设计时需要注意哪些问题？

12.7 补充阅读材料

补充阅读

12.8 意见与建议

对该实验程序，你有何意见与建议？

12.9 附　录

12.9.1 如何打开实验数据文件

实验数据文件放在安装程序目录下的 SensoryMemory 文件夹下，数据文件名为“Sub_学生学号_学生姓名_视觉感觉记忆实验_DATA.csv”。

12.9.2 实验数据文件说明

实验数据文件列名及其含义见表 12-1。

表 12-1 实验数据文件列名及其含义

序号	列名	列名含义
1	ID	试验号
2	SubjectName	被试姓名
3	SubjectSex	被试性别
4	SubjectAge	被试年龄
5	StimuliStructure	识记项目的结构(3×1、3×2、3×3、3×4)
6	StimuliNum	呈现的识记项目总数
7	ExposureDuration	识记项目的暴露时间(50ms、200ms、500ms)
8	DelayTime	线索延迟呈现时间(0ms、150ms、300ms、500ms、1000ms)
9	RecallPosition	线索呈现位置(Up—上，Middle—中，Down—下，All—全部)
10	WholePartialReport	结果报告方式(TheWholeReport—全部报告法，ThePartialReport—部分报告法)
11	RecallNumTotal	识记对的项目总数
12	RecallNum_Up	上面一行识记对的项目数
13	RecallNum_Middle	中间一行识记对的项目数
14	RecallNum_Down	下面一行识记对的项目数
15	SampleCharacters_Up	上面一行呈现的项目内容

续表

序号	列名	列名含义
16	SampleCharacters_Middle	中间一行呈现的项目内容
17	SampleCharacters_Down	下面一行呈现的项目内容
18	RecallCharacters_Up	上面一行回忆的项目内容
19	RecallCharacters_Middle	中间一行回忆的项目内容
20	RecallCharacters_Down	下面一行回忆的项目内容

12.9.3 实验指导语

×××，您好！欢迎您参加“视觉感觉记忆实验”。在进行本实验之前，请先将您的手机关闭或调成静音(会议)模式，谢谢您的配合。

1. 首先，屏幕上从上到下依次呈现3个注视点，每行各1个，共3个，紧接着会快速呈现3行多列(1到4列不等)字符并马上消失，字符为字母或数字的组合。您需要尽可能多地记住这些字符。字符消失后，会在原来字符呈现的位置上出现数个文本框，您需要在这些文本框所在的位置上填写刚刚呈现的对应字符。只有字符与其位置一一对应，才算正确，否则均算错误，如果文本框位置对应的字符记不清了，可以凭感觉猜测一个，尽量不要空着。在观看字符时，尽量3行都看，不要只看其中1行。

2. 为了避免字符输入过程中产生遗忘，可以事先准备纸笔，待文本框出现以后，先将回忆的结果写在纸上，而后输入到文本框中*。

3. 为了方便输入字符，可以只用键盘进行输入。其中，输入完毕后，确认为“Enter”键，焦点切换为“Tab”键。

4. 该任务不记录您的反应时，故请务必保证正确率。如果您反应很快，但错误率很高的话，您的数据是没办法采用的。

5. 如有不明白的地方，请询问主试。

(*有同学建议默念回忆有助于提高回忆绩效。)

第13章 客体文件回溯实验

13.1 实验背景

客体文件(object file)的概念源自于 Treisman 有关客体识别的特征整合理论(feature integration theory)。该理论认为,客体的识别过程可分为两个阶段:一个是前注意阶段,该阶段中,知觉对客体的特征进行自动的平行加工,该阶段无须注意的参与;另一个是特征整合阶段,即通过集中注意将诸特征整合为客体,其加工方式是系列的。因此,对特征和客体的加工是在知觉的不同阶段实现的。在这个过程中,客体的主要特征经由不同特征觉察器进行独立编码,每个维量的特征值形成不同的特征地图,而客体的位置则是由位置地图直接编码,各特征地图都与位置地图相联系,可通过位置地图来获得这些特征,但这两者的联系需要注意的参与,注意将这些特征整合成临时的客体表征,即客体文件(Treisman,1982)。

客体文件理论的正式提出则是源于 Kahneman 和 Treisman 等人对客体表征(object representation)更新的研究。传统上视觉表征可分为两种:一种是早期的低层次知觉特征表征(如颜色表征、形状表征、拓扑表征等);而另一种是晚期的高层次认知类型表征(如这是"椅子",这是"超人")。但是仅仅靠这两种类型的表征往往不能解释知觉加工的许多方面。例如,我们可以追踪客体的运动,而将其知觉为同一客体,即便中途客体的颜色或形状发生了改变(更有甚者——比如青蛙变成了王子,我们不会把这两者视为两个不同的客体,而是根据情节发展将其视为同一客体)。Kahneman 等人(Kahneman,Treisman,Gibbs,1992)据此认为一定还存在一个介于知觉特征表征与认知类型表征间的中介表征(mid-level representation),通过它来实现视觉表征的完整、连续与统一,而客体文件则扮演了这样一个角色。

客体文件理论认为当注意视野中某一客体时,就会形成关于该客体的临时表征——客体文件此时就被创建。所谓的客体文件,是视觉表征的一个中间阶段,它将运动中的客体随时间变化的时空特征信息(spatiotemporal properties)存储起来,并加以

更新。这样客体文件就可以帮助我们形成对一个客体的持续稳定的知觉。例如，可以告诉我们客体去了哪里，发生了什么变化。客体文件创建之初可能仅仅包含了该客体的一些时空信息，但是随着之后的时时比对与更新操作，客体中的其他特征信息就被不断地加进来（如颜色、形状等信息）；此后，客体文件中的信息也会与长时记忆中的客体类型（object-type）表征进行匹配，进而客体类型表征也会被整合进客体文件中，这样长时记忆中的某个表征就会与外部世界中的某个客体建立联系。因此，客体文件是有关某一视觉客体的情境表征（episodic representation），其内部不仅收集了该客体当前所包含的知觉信息，而且也整合了该客体在过去一段时间内的历史信息。

Kahneman 等人进一步认为客体文件主要通过以下三个操作来实现客体文件的更新，从而产生一个连续的客体运动知觉：(1)对应操作（correspondence operation），通过该操作判断每个客体是新异的还是从之前的客体转变而来的；(2)回顾操作（reviewing operation），该操作提取客体之前的特征，包括一些不可见的特征；(3)整合操作（impletion operation），该操作利用当前的信息与回顾得到的信息来建构对一个运动或变化的知觉。

13.1.1 经典的客体回溯范式

根据客体文件理论，客体表征的连续性是通过跟踪客体，并检查对应的客体文件来保持的——通过追踪可以获取当前客体的有关信息，并与之前存在客体文件中的信息进行比对，如果两者一致，就不用更新客体文件；反之，如果两者不一致，就需要更新客体文件中的内容，以适应当前客体的变化。因此，只要客体与客体文件的这种时空对应关系不发生改变，客体表征的连续性就可以得以保持。

为验证上述观点，Kahneman 等人（Kahneman，et al.，1992）设计了一个字母命名任务（实验流程见图 13-1），该任务通常被称为客体回溯范式（object reviewing paradigm）。在该范式中，注视点的上方和下方分别呈现一个线框（链接刺激），而后在两个线框中各自呈现一个字母（预览刺激），一段时间后字母消失，两线框做平滑运动，线框分别到达注视点的左侧与右侧后停止运动。随后在一线框内呈现靶子字母。靶子字母既可能是两个预览字母中的任一个，也可能是新字母，记录字母命名反应时。他们发现，靶子字母与之前呈现在同一线框中的预览字母相同时（同客体条件，same object，SO）的命名速度比不同时（异客体条件，different object，DO）快，即存在基于客体的预览效应（object-specific preview benefits，OSPBs），而异客体条件下的命名速度与呈现新字母的条件（不匹配条件，no match，NM）无显著差异，即未出现非特异的预览效应（non-specific preview benefits，NSPBs）。Kahneman 等人认为，该范式中最先呈现的两个线框首先分别创立了客体文件，而后呈现的预览字母被整合进该客体文件。由于同客体条件下的字母命名反应不需要字母更新操作，而异客体条件和不匹配条件均需更新操作，从而导致前者的反应时比后者短。可见 OSPBs 效应是由客体文件的更新所致，体现了客体表征连续性。

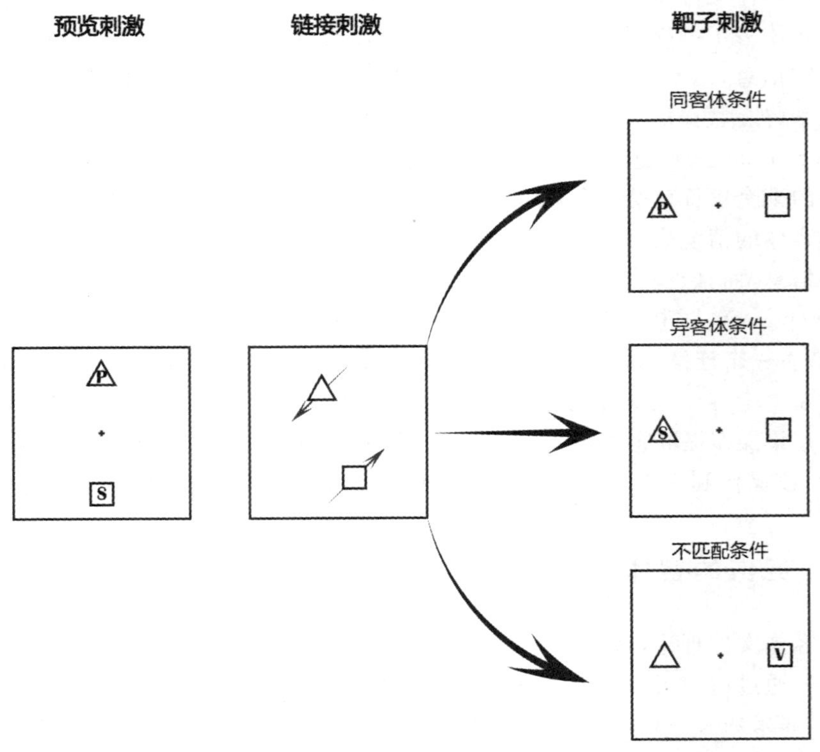

图 13-1　Kahneman 等人的经典客体回溯范式

13.1.2　改进的客体回溯范式

最初由 Kahneman 提出的客体回溯范式下所获得的 OSPBs 效应量都很小，大约只有十几毫秒，当然，有可能是由于内在的心理加工过程的差异本来就只有十几毫秒，但更有可能是该范式所致：(1)采用语音命名的方式；(2)被试有可能未去注意初始呈现的预览字母。因此 Kruschke 等(1996)在原有客体回溯范式的基础上提出了一个改进范式。该范式要求被试做出按键反应以指示最后呈现的字母是否为之前呈现的两个字母中的任一个。该范式有以下两点优势：(1)强迫被试去注意初始呈现的预览字母；(2)可适用于那些不可发声的刺激材料，如图片刺激。由于该范式可以获得较大且比较稳定的 OSPBs 效应量，因此，后续的研究者基本上都采用了该范式。

本实验旨在对 Kahneman 等人的经典实验进行验证，探讨在改进的客体回溯范式中同客体条件、异客体条件和不匹配条件对反应时的影响，并进一步了解客体文件的三个操作过程和 OSPBs 效应的含义。

13.2 实验方法

13.2.1 被试

选取至少 20 名被试的实验数据进行分析。

13.2.2 仪器与材料

IBM-PC 计算机一台,认知心理学教学管理系统。本实验呈现的字符集为@、#、$、%、&、€,目的在于减少语音编码的干扰。每个字符的大小约为 1.0cm×1.0cm。黑色线框的大小约为 1.7cm×1.7cm。

13.2.3 实验设计与流程

本实验采用单因素被试内设计。自变量有 2 个水平:不匹配和匹配两种条件。其中匹配条件包括同客体条件与异客体条件,不匹配条件指靶子字符与两个预览字符均不相同,即靶子刺激为新字符的条件。同客体条件指靶子字符与之前呈现在线框中的预览字符相同的条件。异客体条件指靶子字符为之前呈现在另一个线框中的预览字符的条件。

单次试验流程见图 13-2。首先在屏幕上分别呈现两个黑色的线框(链接刺激),这两个线框一左一右分别位于一个不可见的大正方形的中部。500ms 后,在这两个线框内分别呈现两个不同的字符(预览刺激)。1000ms 后字符消失,两个线框开始分别绕着大正方形的中心点做顺时针或逆时针(概率各 0.5)的圆周运动(链接运动),其运动的线速度为 16.96°/s。当两个线框分别运动到垂直位置上时停下来,整个运动时间持续 500ms,线框停留 300ms 后,在其中任意一个线框内出现靶子字符(概率各 0.5)。

被试的任务是判断该靶子字符是否为刚才呈现过字符中的任意一个,并立即做出按键反应。如果是按"J"键(匹配条件),不是按"F"键(不匹配条件)。为了减少被试按键过程中的反应定势,生成的实验序列经 Wald-Wolfowitz 游程检验,显著性大于 0.10(双侧)。

被试做出按键反应后,会得到相应的反馈,指示被试反应正确与否及反应时。如果被试在字符出现后 1000ms 内不予以反应,程序将提示反应超时,告诉被试尽快反应。随机空屏 600~1300ms 后,自动进入下一次试验。

实验开始前,从正式实验中随机抽取 20 次作为练习,练习的时候,无论反应正确、错误或超时均有反馈,但结果不予以记录。练习的正确率达到 85%后进入正式实验。

正式实验在被试做出正确反应后没有提示,反应错误或反应超时则会有提示。正式实验共有 192 次试验,分 4 组(每组 48 次),组与组之间分别有一段休息时间。正式实验结束后,进入错误补救程序,即将之前做错的试验再次呈现,直到被试全部反应正确为止。整个实验持续约 30 分钟。

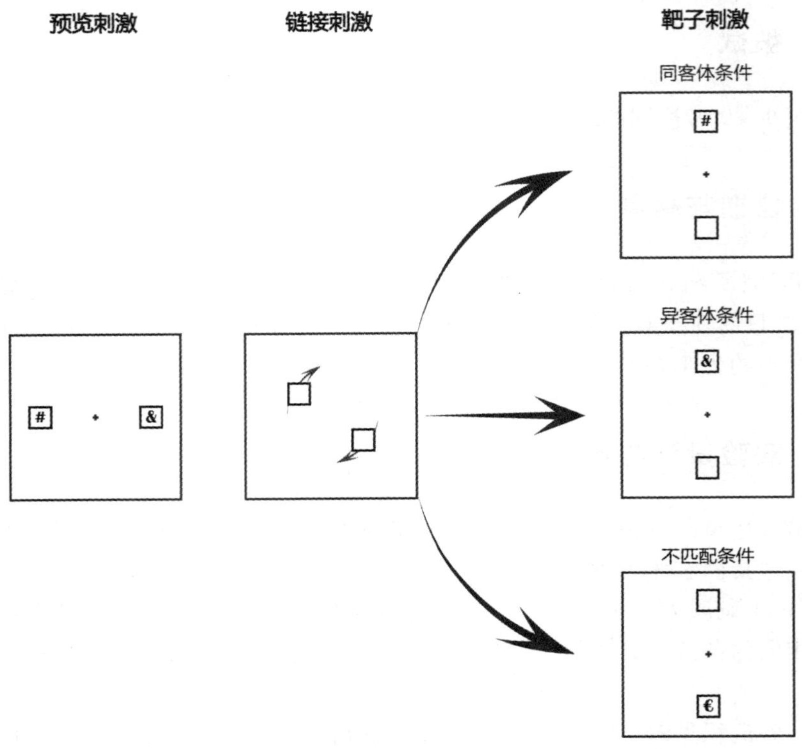

图 13-2　改进的客体回溯范式单次试验流程

13.3　结果分析

1. 分别计算每个被试和所有被试在字符匹配条件下的同客体与异客体条件及字符不匹配条件下的反应时。

2. 分别计算 OSPBs 和 NSPBs 效应量,并考察其是否存在差异。

3. 以字符匹配条件(同客体、异客体和不匹配条件)为横坐标,反应时为纵坐标,绘制柱形图。

4. 分别计算靶子在上部和下部时对应的同客体、异客体和不匹配条件下的反应时及其对应的 OSPBs 和 NSPBs 效应量,并考察其是否存在差异。

5. 以靶子位置为横坐标,反应时为纵坐标,绘制不同字符匹配条件(同客体、异客体和不匹配条件)下的柱形图。

6*.进一步分析实验数据,你还可以发现什么现象?

13.4 讨 论

1.将所得的实验结果与Kahneman等人的实验结果进行比较,分析异同的原因。

2.OSPBs和NSPBs效应量分别反映了何种心理加工机制?

3.结合OSPBs效应的心理加工机制,分析靶子在上部和下部时对应的OSPBs效应量反映了何种现象。

13.5 结 论

结合讨论结果,给出本实验的研究结论。

13.6 思考题

如果将本实验中的预览刺激呈现在竖直位置,而将靶子刺激呈现在水平位置,需要考虑哪些影响因素(提示:如西蒙效应)?与本实验结果相比会有哪些变化?

13.7 补充阅读材料

补充阅读

13.8 意见与建议

对该实验程序,你有何意见与建议?

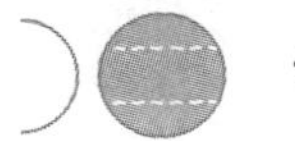

13.9 附 录

13.9.1 如何打开实验数据文件

实验数据文件放在安装程序目录下的 ClassicalObjectFile 文件夹下，数据文件名为"Sub_学生学号_学生姓名_客体文件回溯实验_DATA. csv"。

13.9.2 实验数据文件说明

实验数据文件列名及其含义见表 13-1。

表 13-1 实验数据文件列名及其含义

序号	列名	列名含义
1	ID	试验号
2	SubName	被试姓名
3	SubSex	被试性别
4	SubAge	被试年龄
5	PreviewStim1	左部预览刺激("@","#","$","%","€","&")
6	PreviewStim2	右部预览刺激("@","#","$","%","€","&")
7	ISSame	是否相同(Same—同客体,Different—异客体,NoMatch—不匹配)
8	ISMatch	是否匹配(Matched—匹配,NoMatched—不匹配)
9	MotionDirection	运动方向(Clockwise—顺时针,CounterClockwise—逆时针)
10	TargetPosition	靶子位置(Up—上部,Down—下部)
11	TargetStim	靶子刺激("@","#","$","%","€","&")
12	ResponseKey	反应键(J 键—默认,F 键—默认)
13	ISResponseCorrect	反应是否正确(Correct—正确,Wrong—错误)
14	ISPressCorrectKey	是否按对键(PressRightKey—按对键,PressWrongKey—按错键,NoPressKey—没有按键)
15	ReactionTime	反应时(ms)

续表

序号	列名	列名含义
16	ISRepeated	是否需要错误补救(NonRepeated—不补救,Repeated—补救)
17	RepeatedReactionTime	错误补救后正确反应时(ms)
18	RepeatedTimes	错误补救次数

13.9.3 实验指导语

×××,您好！欢迎您参加"客体文件回溯实验"。在进行本实验之前,请先将您的手机关闭或调成静音(会议)模式,谢谢您的配合。

1. 首先两个黑色方框内各出现一字符(共两个字符),一段时间后字符消失,两个黑色方框运动一会后停下来,再在其中一个黑色方框内出现一字符,您的任务是判断该字符是否是之前出现的两个字符中的任意一个,如果是按"J"键,不是按"F"键。如果不习惯这两个键可以点击菜单"设定反应键(R)"进行调节。

2. 该任务是一个快速反应任务,但务必先保证正确率。如果您反应很快,但错误率很高的话,您的数据是没办法采用的。

3. 在完成该任务时,请尽量不要默念字符,这样会导致您的反应时变慢,正确率下降。尽量采用图像记忆,努力记住它们的形状。

4. 如有不明白的地方,请询问主试。

13.10 名词解释

1. 刺激反应一致性效应(stimulus-response compatibility)是指刺激方位(如位置在左)与反应方位(如左手)匹配条件下的反应时快于刺激方位(如位置在左)与反应方位(如右手)不匹配条件的现象。

2. 西蒙效应(Simon effect)是指在刺激和反应一致性效应的范畴下,即使靶子的方位维度与当前任务无关,刺激反应一致性效应仍然发生的现象。

第14章 三维客体心理旋转实验

14.1 实验背景

心理表象(mental image)也称意象,从信息加工的观点看,表象是指不在眼前的事物的心理表征,是一个人的知觉影像。心理表象的研究起源于 Shepard 和他的同事 Metzler 对心理旋转(mental rotation)的证明与解释(Shepard & Metzler,1971),Shepard 运用视觉线索研究记忆中视觉刺激的心理旋转。在该实验中,被试要判断左右呈现的两个刺激对是否相同(不考虑旋转角度)。在有些试验中,右边客体是左边客体的镜像(mirror image)或同分异构体(isomer),所以两者是不同的;而在另一些试验中,右边客体与左边客体是相同的,但是相对于左边的客体,右边的客体被旋转了一定的角度,具体参见图 14-1。旋转的方式有两种:一种是平面旋转(plane rotation),即绕着图片平面进行旋转;另一种是深度旋转(depth rotation),即在三维空间中进行旋转。旋转的角度从 0°到 180°,每隔 20°为 1 档,共 10 档。因变量是做出判断所需的时间。实验结果表明,无论是深度旋转还是平面旋转,反应时间和旋转角度呈线性关系,即随着旋转角度的增大,判断反应时在逐步增长(见图 14-2)。实验数据结果表明,每旋转 53°大约要 1s。

Shepard 等人的研究结果对信息是如何在记忆中进行表征的探索产生了深远的影响。首先,支持了心理表象的存在,并用实验揭示了信息在大脑中的信息加工过程;其次,支持了表象是物体抽象类似物的再现,在没有物理刺激呈现的情况下,在头脑中可以对记忆中的视觉信息和空间信息进行加工,而且这种加工操作可以类似于真实物体的知觉加工。事实上,Shepard 等人认为心理旋转是真实物理旋转的一种类似物,只不过这种旋转是在头脑中复现而已,并且不受任何感觉通道的束缚。具体地说,人在执行心理旋转任务时,是以表象的方式进行加工的:先形成刺激物的表象,然后将表象旋转到直立位置后再做出判断。Shepard 等人认为表象的实质是一种类比表征,与外部客体有着同构关系。后来,Shepard 和 Judd(Shepard & Judd,1976)又通过似动范式(连续呈现两个不同旋转角度的三维客体以产生似动)的研究发现,产生严格似动(rigid

apparent movement)所需的最少时间(critical onset asynchrony,COA)也随着旋转角度的增大而增大,从而表明无论是概念驱动的心理旋转还是知觉驱动的似动现象,对心理表象的操作都是类似的。

本实验旨在对 Shepard 等人的经典实验进行验证,探讨在三维客体心理旋转中旋转角度和旋转方式(平面旋转和深度旋转)对反应时的影响,并进一步了解心理表象的编码与存储。

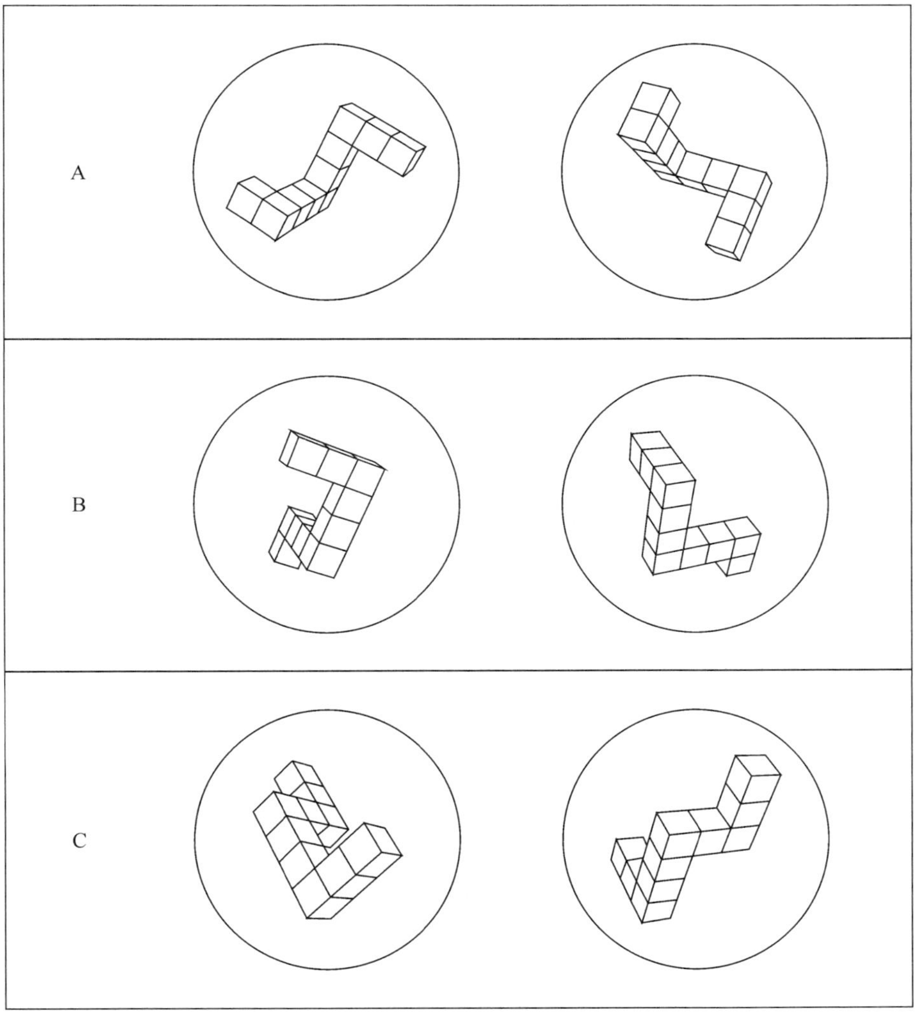

A

B

C

A 是相同平面对(差异 80°),B 是相同深度对(差异 80°),C 是不同对(镜像对)

图 14-1 心理旋转实验刺激对

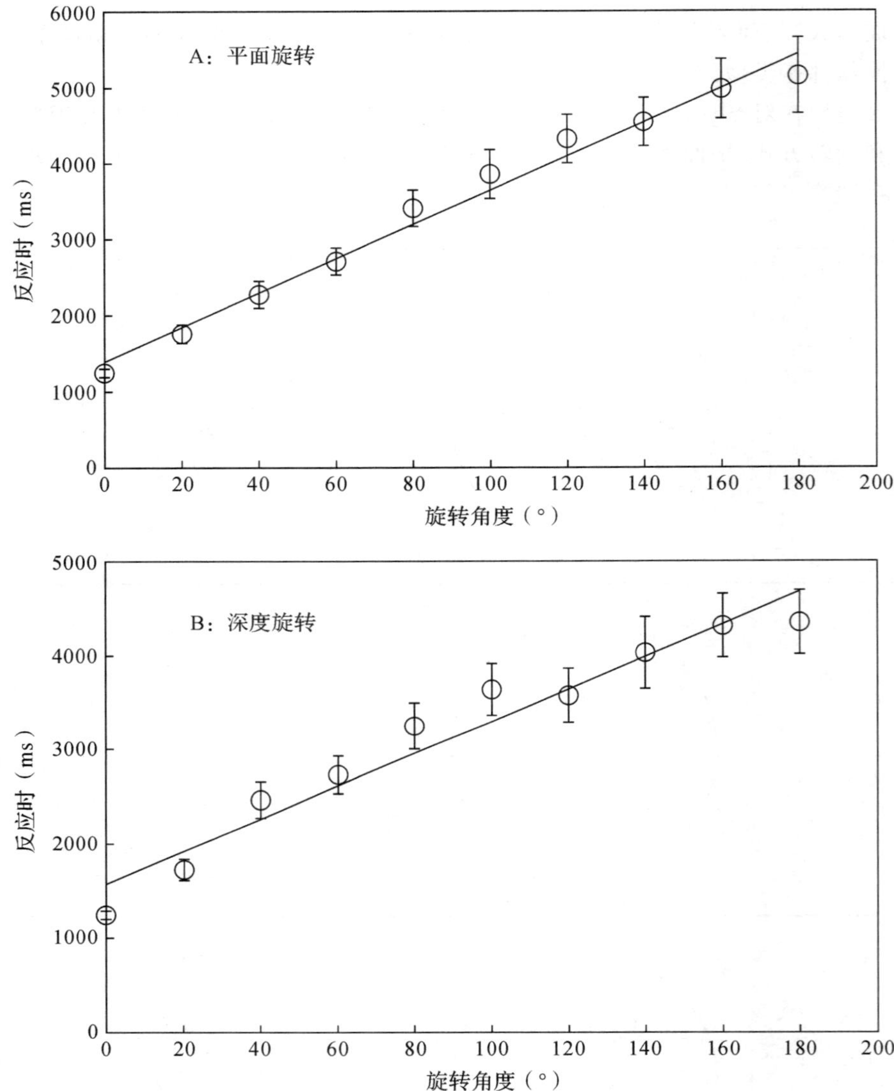

图 14-2　旋转角度与反应时之间的关系图

14.2 实验方法

14.2.1 被试

选取至少 20 名被试的实验数据进行分析。

14.2.2 仪器与材料

IBM-PC 计算机一台，认知心理学教学管理系统。本实验刺激材料为由 10 个小立方体组成的三维客体图片，两两配对，具体参见图 14-1。每张三维客体图片的大小约为 14.3cm×14.3cm。

14.2.3 实验设计与流程

本实验采用两因素被试内设计。因素一为旋转方式，该因素有 2 个水平：平面旋转和深度旋转；因素二为旋转角度，旋转角度从 0°到 180°，间隔 20°，共计 10 个水平。

单次试验流程见图 14-3。首先空屏 500ms，紧接着在屏幕上呈现一个“+”注视点，随机呈现一段时间(500～1500ms)后，在注视点两旁分别呈现两个三维客体。

被试的任务是判定出现的两个三维客体是否相同(不考虑旋转角度)。如相同按“J”键，不同则按“F”键。为了减少被试按键过程中的反应定势，生成的实验序列经 Wald-Wolfowitz 游程检验，显著性大于 0.10(双侧)。

被试做出按键反应后，会得到相应的反馈，指示被试反应正确与否及反应时。如果被试在三维客体出现后 10000ms 内不予以反应，程序将提示反应超时，以提示被试尽快反应。空屏 500ms 后，自动进入下一次试验。

实验开始前，从正式实验中随机抽取 20 次作为练习，练习时，无论反应正确、错误或超时均有反馈，但结果不予以记录。练习正确率达到 80%后方可进入正式实验。正式实验在被试做出正确反应后没有提示，反应错误或反应超时则会有提示。正式实验共有 1000 次试验，分 4 组(每组 250 次)，组与组之间分别有一中断，被试可自行控制休息时间。正式实验结束后，进入错误补救程序，即将之前做错的试验再次呈现，直到被试全部反应正确为止。整个实验持续约 120 分钟。

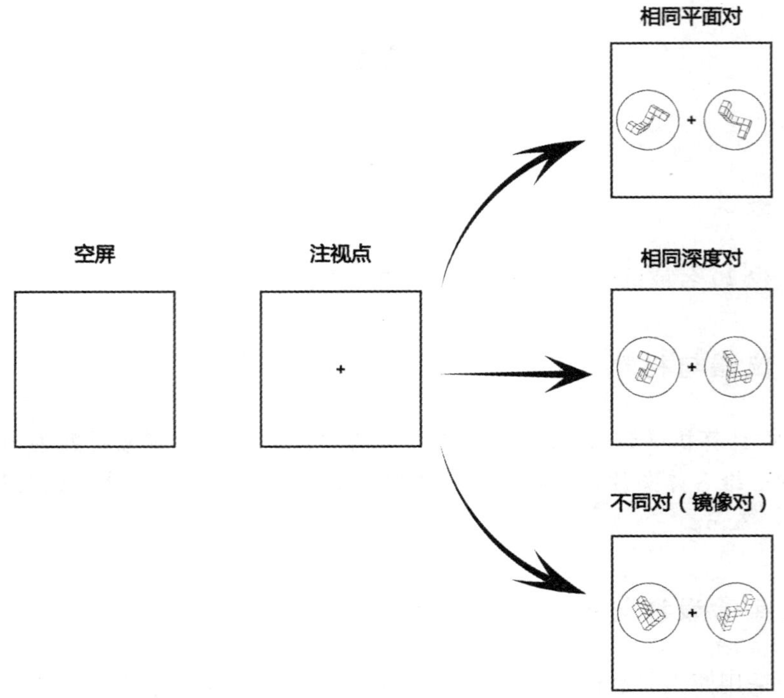

图 14-3　三维客体心理旋转实验单次试验流程

14.3　结果分析

1. 分别计算每个被试和所有被试在相同对条件下对不同角度、不同旋转方式(平面旋转、深度旋转)下的平均反应时。

2. 以旋转角度为横坐标，反应时为纵坐标，绘制出在相同对条件下不同旋转方式的反应时关系曲线。

3. 计算不同旋转方式下的反应时，考察其是否存在差异。

4. 考察各个旋转角度下的反应时是否存在差异，计算反应时与旋转角度间的回归方程，并计算 R^2 值，考察回归方程是否显著。

5. 考察不同性别下的反应时是否存在差异。

6. 考察相同对与不同对下的反应时随旋转角度的变化是否存在差异。

7. 考察被试在实验过程中是否存在练习效应。

8. 将被试反应按从快到慢排序，分析反应较快和反应较慢的被试是否存在反应策略上的差异或是心理旋转能力上的差异。

14.4 讨论

1. 将所得的实验结果与 Shepard 等人的实验结果进行比较，分析异同的原因。

2. 实验中被试是否在真正连续地进行心理旋转，可否通过实验证明？心理旋转的反应时还受哪些因素的影响？（结合 14.6 补充阅读材料）

3. 实验指导语中是否可以外显地要求被试进行心理旋转操作以完成本实验任务，为什么？（结合 14.6 补充阅读材料）

4. 心理旋转能力能否通过训练（如玩 3D 类的电子游戏）得以提升？（结合 14.6 补充阅读材料）

5*. 错觉中的不可能图形（见图 14-4 左图）是否也可进行心理旋转，与可能图形（见图 14-4 右图）的心理旋转的机制是否一致？（结合 14.6 补充阅读材料）

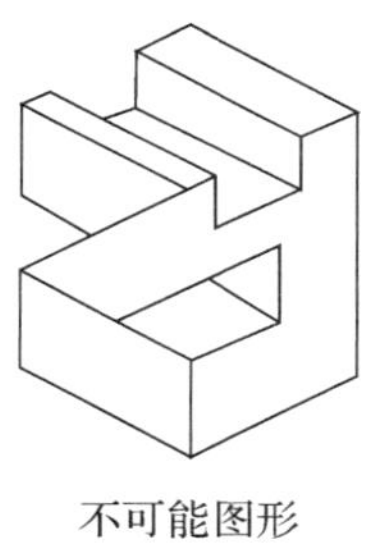

不可能图形

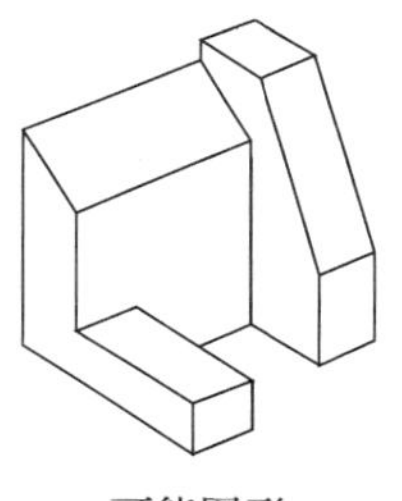

可能图形

图 14-4　不可能图形与可能图形

14.5 结论

结合讨论结果，给出本实验的研究结论。

14.6 补充阅读材料

心理旋转实验相关资料

14.7 意见与建议

对该实验程序，你有何意见与建议？

14.8 附 录

14.8.1 如何打开实验数据文件

实验数据文件放在安装程序目录下的 MentalRotation 文件夹下，数据文件名为“Sub_学生学号_学生姓名_三维客体心理旋转实验_DATA. csv”。

14.8.2 实验数据文件说明

实验数据文件列名及其含义见表 14-1。

表 14-1 实验数据文件列名及其含义

序号	列名	列名含义
1	ID	试验号
2	SubjectName	被试姓名
3	SubjectSex	被试性别
4	SubjectAge	被试年龄
5	LeftPicture	左图
6	RightPicture	右图
7	StimulusCategory	三维客体种类(A、B、C、D、E)
8	DimentionType	旋转维度(Depth—深度旋转，Plane—平面旋转)
9	LeftPictureType	左图图片类型(Plane—平面，DepthNegative—深度镜像或同分异构体，DepthPositive—深度原图)
10	RightPictureType	右图图片类型(Plane—平面，DepthNegative—深度镜像或同分异构体，DepthPositive—深度原图)
11	ISSame	两个客体是否相同(Same—相同，Different—不同)
12	RotateDegrees	旋转角度(0°到 180°)

续表

序号	列名	列名含义
13	ResponseKey	反应键(J 键—默认,F 键—默认)
14	ISResponseCorrect	反应是否正确(Correct—正确,Wrong—错误)
15	ISPressCorrectKey	是否按对键(PressRightKey—按对键,PressWrongKey—按错键)
16	ReactionTime	反应时(ms)
17	ISRepeated	是否需要错误补救(NonRepeated—不补救,Repeated—补救)
18	RepeatedReactionTime	错误补救后正确反应时(ms)
19	RepeatedTimes	错误补救次数

14.8.3 实验指导语

×××,您好!欢迎您参加"三维客体心理旋转实验"。在进行本实验之前,请先将您的手机关闭或调成静音(会议)模式,谢谢您的配合。

以下是本次实验的注意事项:

1. 首先屏幕上呈现一左一右两个用线条绘制的三维客体。您的任务是判断这两个三维客体的"形状"是否完全相同。如果两个形状完全相同按"J"键,不同则按"F"键。如果不习惯这两个键可点击菜单"设定反应键(R)"进行调节。

2. 该任务是一个快速反应任务,但务必先保证正确率。如果您反应很快,但错误率很高的话,您的数据是没办法采用的。

3. 如有不明白的地方,请询问主试。

14.8.4 数据处理的 R 代码

数据处理的 R 代码

第15章

多客体追踪实验

15.1 实验背景

动态视觉场景下的客体表征是近二十年来逐步兴起的认知心理学的热点问题之一。研究者主要关注的焦点是，随着客体的运动，客体表征是如何被有效地整合以实现更新，从而确保形成连贯的运动知觉。谈及客体表征的更新，就不得不提及客体表征的连续性。所谓客体表征的连续性是指当客体的特征、位置等随时间发生变化时，知觉系统对该客体的表征不会被中断，仍然将其知觉为原客体而非新客体的表征。

在运动的视觉场景中，维持客体表征的连续性尤为重要。因为在动态场景中，客体位置信息是时刻发生变化的，在该过程中，也可能伴随客体的表面特征信息的变化(Makovski & Jiang，2009)。为了获取稳定的运动知觉，就必须不断地对客体表征进行更新操作，因此客体表征的实时更新是维持客体表征连续性的必要条件。对客体表征如何实现更新，主要存在由 Pylyshyn 等人(Pylyshyn，1989，2000，2001；Pylyshyn & Storm，1988)提出的视觉索引(visual index)理论和由 Kahneman 等人(Kahneman，et al.，1992)提出的客体文件(object file)理论两种不同的观点。

视觉索引理论主要关注多个客体表征的更新问题，即当视野中有多个客体运动时，其内部的客体表征的更新如何实现，从而确保形成稳定而连贯的运动知觉。视觉索引理论认为运动场景下的客体表征更新是通过视觉索引方式实现的，由于存在 4～5 个索引，且索引一旦分配给某个客体，就可以随着客体的运动而运动，这样就无须通过集中注意的扫描便可更新该客体的表征信息(Pylyshyn，1989)，相比之下，为了更新非索引客体的表征，则需要通过集中注意的扫描来加以实现。因此，视觉系统可以借助索引来实现对多个运动客体的表征更新。

多客体追踪(multiple object tracking，MOT)任务最早由 Pylyshyn 和 Storm (Pylyshyn & Storm，1988)引入用于验证视觉索引理论。在典型的 MOT 任务中，首先会在屏幕上随机呈现 8～10 个完全相同的客体(如加号、圆盘等)，一段时间后其中一部分客体(一般是3～5个)会闪烁几下，表示这些客体是被试随后需追踪的靶子，而其余则为干扰子，闪烁完以后，这些靶子又恢复原状，与干扰子无异，随即所有客体在屏幕上以不可预测的轨迹做独立的、无规则的连续运动(类似于物理学上的布朗运动)，运动一段时间后，所有的客体都停止运动，然后要求被试做出报告，具体实验流程见图15-1。报告的方法分两种：一种是全部报告法，即要求被试用鼠标指出哪几个客体是最早闪烁过的靶子；另一种是部分报告法，即在所有停止运动的客体中，随机高亮一个，要求被试做出按键反应，指示其为靶子还是干扰子。实验结果表明，一般被试能追踪4～5个客体。

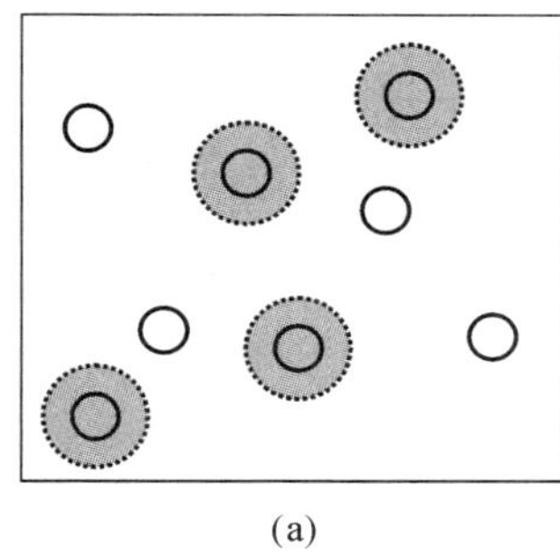
(a)

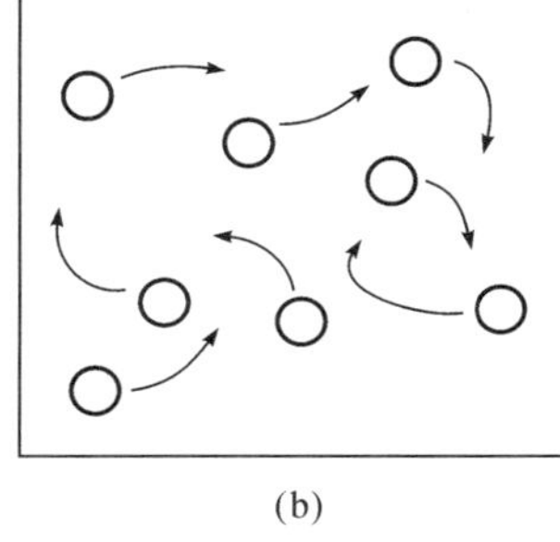
(b)

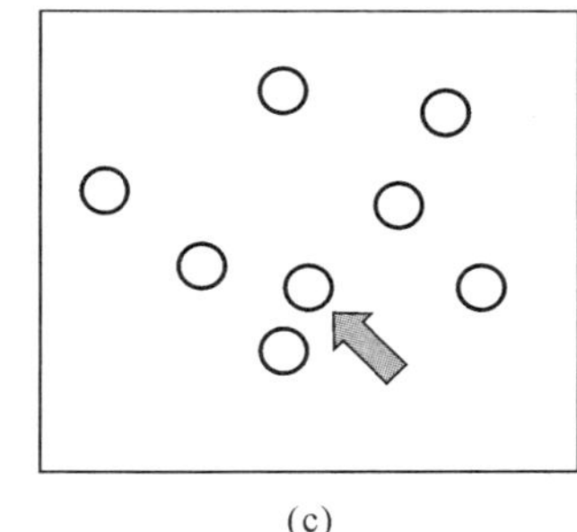
(c)

图15-1　多客体追踪实验流程

视觉索引理论认为在多客体追踪的任务中，其绩效取决于早期视觉(early vision)系统的底层机制，该系统提供了4～5个指针或索引(index)用来分配给视野中不同的视觉客体，而不是某个空间位置，这种分配被认为是初级的或是前注意的(Pylyshyn & Storm，1988)，且在眼动发生前就已经完成(Pylyshyn，2000)，后来，Pylyshyn进一步认为这种分配是通过类似于Koch和Ullman提出的WTA(Winner-Take-All)的神经网络模型来实现的(Koch & Ullman，1985)。

由于视觉索引不会编码或表征任何其所指代客体的特征信息，所以这种客体表征又被称为“原型客体”(Pylyshyn，2000)。从这个角度看，它们是特征盲(feature-blind)的，即只是充当一种指代关系用于连接外部客体与视觉对象，用作将视觉对象引入更高一级需要集中注意加工的工具。所以，当客体在运动的过程中如果表面特征(如颜色、形状)发生了变化，一般被试是很难觉察到的(Bahrami，2003；Green，1986，1989)。

上述客体表征更新的过程类似于用一个手指指向物理世界中的一个运动客体，以确保运动对象能被正确地识别与追踪，因此视觉索引理论又被形象地称为FINST(FINgers of INSTantiation)理论。

自从视觉索引理论提出以来，有大量的研究对其进行了验证和拓展。Burkell和Pylyshyn(Burkell & Pylyshyn，1997)通过子集选择(subset selection)任务发现，被试可以通过预先的线索设定来选择含有靶子的特定子集进行相应的视觉搜索任务，任务绩效只取决于子集的属性(单一特征搜索还是联合特征搜索以及子集数目的大小)，而与整个搜索集的特性无关，且子集项目的分散程度并不影响搜索的效率。这说明被试可

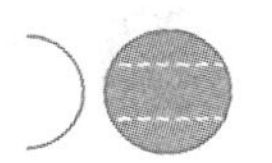

以通过视觉索引机制将被索引的项目直接选择出来(选择的过程不需要注意的系列扫描),以便进行后续的搜索任务。Scholl 和 Pylyshyn(Scholl & Pylyshyn,1999)对遮挡条件下视觉索引的分配进行了探讨,结果发现被试能在有遮挡物的条件下很好地完成追踪任务,其绩效与没有遮挡物的条件相当,这说明短暂的完全遮挡并不影响索引的指示功能。进一步研究发现,进出遮挡物时的遮挡线索对追踪绩效起决定作用,一旦遮挡线索缺失或被破坏(如接触挡板即瞬间消失、呈现内爆与外爆的遮挡线索等),追踪绩效即大幅下降,但是遮挡物本身的可见与否对追踪绩效不产生影响。Bahrami(Bahrami,2003)对多客体追踪任务中客体表面特征信息(如颜色、形状)的更新进行了研究,结果发现,当泥溅(mud splash)背景屏蔽客体特征变化时所引入的瞬变(transient)时,被试很难觉察出运动客体表面特征信息的变化,这支持了视觉索引理论中关于特征盲的假说,但是同时也发现,虽然干扰子的变化觉察绩效在呈现泥溅背景时接近随机水平,但是靶子的变化觉察绩效却显著高于干扰子,这说明只有被索引的客体才能进入后续的认知加工,如辨别客体的属性特征或客体间的相互关系(Z. W. Pylyshyn,2001)。视觉索引可以单独分配给不同的实体对象以实现其表征的更新已经得到大量研究的支持(Bahrami,2003;Feldman,2003;Scholl,Pylyshyn,Feldman,2001;Sears & Pylyshyn,2000),但是否可以同样适用于非实体性物质却很少有研究涉及。VanMarle 等人(VanMarle & Scholl,2003)就对上述问题进行了深入的探讨,结果发现,视觉索引无法分配给流动的物质,影响分配的关键因素在于物质在流动过程中其形态的延展(extension)与收缩(contraction),而运动过程中客体形态是否维持刚性(rigidity)与内聚性(cohesion)则不影响索引的分配。这说明对非实体性物质的表征更新是很困难的。另外,Scholl 等人(Scholl,et al.,2001)的研究中当要求被试追踪靶子和干扰子形成的整体时,被试无法只追踪靶子而忽略干扰子。这说明视觉索引的更新是基于客体的,而不是基于特征的任意集合(arbitrary collections of features)。对索引分配方式的研究表明,其机制是非常灵活的,不仅可以通过外源性的刺激驱动的方式进行,也可以通过内源性的注意选择进行(Pylyshyn & JR,2006)。但两者分配机制不同,前者是通过注意捕获的方式实现的并行式分配,而后者则是通过系列注意扫描实现的串行式分配,通过延长线索呈现时间,可以减弱两者追踪绩效上的差异。Wolfe 等人(Wolfe,Place & Horowitz,2007)的研究则进一步表明,索引甚至可以在客体运动中进行分配与增删而不影响追踪绩效。对于索引与视觉客体之间的绑定是否需要消耗注意资源,视觉索引理论认为虽然索引的分配是前注意的,但是索引与客体间的绑定的维持是需要消耗注意资源的(Sears & Pylyshyn,2000)。

本实验旨在对 Pylyshyn 等人经典的多客体追踪实验进行验证,了解多客体追踪的特点,并进一步探讨多客体追踪绩效的影响因素。

15.2 实验方法

15.2.1 被试

选取至少 40 名被试的实验数据进行分析。

15.2.2 仪器与材料

IBM-PC 计算机一台，认知心理学教学管理系统。本实验刺激材料为空心圆环“○”。每个空心圆环大小约为 1.5cm×1.5cm。

15.2.3 实验设计与流程

本实验采用双因素被试内设计。因素一为靶子数量，该因素有 3 个水平：4、6、8。为了防止被试追踪干扰子，每次任务中，靶子与干扰子的数量比为 1∶1。因素二为运动持续时间，该因素有 3 个水平：5000ms、10000ms、15000ms。

单次试验流程见图 15-2。首先空屏 500ms，接着在屏幕上呈现一个“+”注视点和若干个散落的空心圆，随机呈现一段时间（500～1500ms）后，其中部分空心圆以闪烁的形式被标记为追踪目标。闪烁 2000ms 以后，恢复原状。而后所有空心圆在以注视点为中心，半径为 7.5°视角的不可见圆周内做独立的、无规则的布朗运动。持续运动一段时间后，所有空心圆停止运动，而后其中一个空心圆变成实心圆，等待被试做出反应。

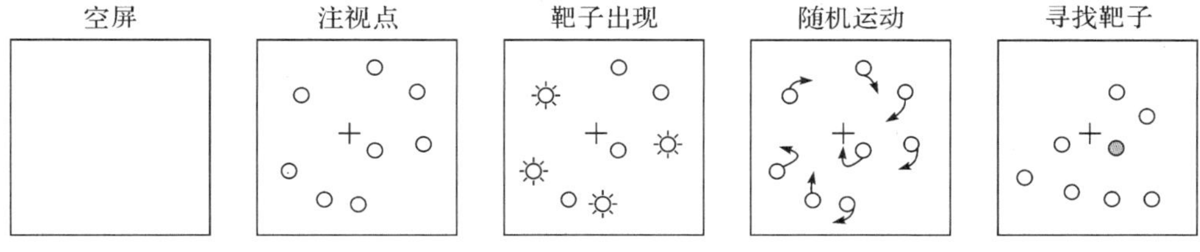

图 15-2 多客体追踪实验单次试验流程

被试的任务是判断该实心圆是否为一开始标记的目标之一，如果是，按“J”键，如果不是，则按“F”键。为了减少被试按键过程中的反应定势，生成的实验序列经 Wald-Wolfowitz 游程检验，显著性大于 0.10（双侧）。

被试做出反应后，会得到相应的反馈，指示被试反应正确与否及反应时。如果被试在实心圆出现后 4000ms 内不予以反应，程序将提示反应超时，告诉被试尽快反应。空屏 500ms 后，自动进入下一次试验。

实验开始前，从正式实验中随机抽取 20 次作为练习。练习时，无论反应正确、错误或超时均有反馈，但结果不予以记录。练习正确率达到 80%后方可进入正式实验。正式实验在被试做出正确反应后没有提示，反应错误或反应超时则会有提示。正式实验共有 360 次试验，分 4 组(每组 90 次)，组与组之间分别有一中断，被试可自行控制休息时间。正式实验结束后，进入错误补救程序，即将之前做错的试验再次呈现，直到被试全部反应正确为止。整个实验持续约 120 分钟。

15.3 结果分析

1. 计算每名被试和所有被试在完成追踪任务时，不同运动速度、不同数量的靶子下的反应时和正确率。

2. 以靶子数目为横坐标，反应时和正确率为纵坐标，绘制出不同数量的靶子下的反应时和正确率的关系曲线。

3. 考察实验过程中是否具有练习效应。

15.4 讨　论

1. 将所得的实验结果与 Pylyshyn 等人的实验结果进行比较，分析异同的原因。

2. 请结合实验结果，对追踪目标数量与追踪绩效的关系进行研究，并探讨其中的原因。

3. 请结合实验结果，探讨影响多客体追踪绩效的因素有哪些。

4. 多客体追踪过程中有哪些特点?

5. 如何解释多客体追踪任务中，被试可以同时追踪多个目标的现象? 有哪些理论和假说?

6. 请结合阅读材料，说明：什么是多身份追踪范式? 它有哪些理论和假说?

7. 进一步分析，你还可以发现什么?

15.5 结　论

结合讨论结果，给出本实验的研究结论。

15.6 补充阅读材料

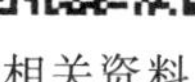
相关资料

在线阅读

15.7 意见与建议

对该实验程序，你有何意见与建议？

15.8 附 录

15.8.1 实验数据文件说明

实验数据文件列名及其含义见表15-1。

表15-1 实验数据文件列名及其含义

序号	列名	列名含义
1	ID	试验号
2	SubjectName	被试姓名
3	SubjectSex	被试性别
4	SubjectAge	被试年龄
5	TotalNumber	空心圆环总数量
6	TargetNumber	目标物数量
7	Duration	运动持续时间
8	Collision Course	运动过程中是否发生碰撞（Yes—发生碰撞，No—不发生碰撞）

续表

序号	列名	列名含义
9	ResponseKey	反应键(J 键—默认,F 键—默认)
10	ISResponseCorrect	反应是否正确(Correct—正确,Wrong—错误)
11	ISPressCorrectKey	是否按对键(PressRightKey—按对键,PressWrongKey—按错键)
12	ReactionTime	反应时(ms)
13	ISRepeated	是否需要错误补救(NonRepeated—不补救,Repeated—补救)
14	RepeatedReactionTime	错误补救后正确反应时(ms)
15	RepeatedTimes	错误补救次数

15.8.2 实验指导语

×××,您好！欢迎您参加“多客体追踪实验”。在进行本实验之前,请先将您的手机关闭或调成静音(会议)模式,谢谢您的配合。

以下是本次实验的注意事项:

1. 首先屏幕上呈现 8 个空心圆,其中部分圆环会以闪烁的形式被标记为目标,而后恢复原状,随后所有圆环会开始做随机布朗运动。

2. 所有圆环运动一段时间后停止运动,而后其中一个圆环变成实心圆,您需要判断该实心圆是否为一开始标记的目标,如果是,请按“J”键,如果不是,则按“F”键。如果不习惯这两个键可点击菜单“设定反应键(R)”进行调节。

3. 该任务是一个快速反应任务,但务必先保证正确率。如果您反应很快,但错误率很高的话,您的数据是没办法采用的。

4. 如有不明白的地方,请询问主试。

第16章 统计检验中的效果量

16.1 效果量的意义

在进行推论统计检验时，我们往往对自变量是否有效果感兴趣。但是，统计检验的结果会受实验中样本大小的影响：当自变量有一定效果时，用来检验自变量效果的 F 比率值会随着样本容量的增加而增加。例如，在表 16-1 中，在两平均数差异和标准差不变的条件下，随着样本容量的增大，标准误在逐步变小，显著性也由不显著变成显著。因此，推论统计结果的显著性不一定等于实际效果的显著性。由此，我们需要一个能检验自变量是否有效的量数，这个量数不仅要独立于样本大小，而且可以通过该量数反映自变量和因变量的关联程度或解释程度的强弱。这个量数被称为效果量（the size of an effect），简称 SE。

由于效果量的测定非常重要，美国心理学会（APA）1994 年发文通知，要求公开发表的研究报告中附上统计数据的效果量。当具有统计上的显著性后，通过计算效果量，看其研究是否有潜在价值（Olejnik，Algina，2003）。

表 16-1 显著性随样本容量变化而变化

两样本容量	平均数	样本标准差	t 值	自由度(df)	显著性(p)
15	4.00	8.00	1.37	28	0.19
35	4.00	8.00	2.09	68	0.05
135	4.00	8.00	4.11	268	0.0001

16.2 效果量的计算

在《心理学探新》杂志 2003 年第 86 期上，刊登了一篇《效果量的意义及测定方法》，作者为权朝鲁，文中详细描述了各种统计方法对应的效果量的计算，本书就不再一一赘述。

因此，凡是本书中需要给出统计检验结果的部分，原则上一律应附上对应的效果量指标，以示研究价值所在。

16.3 效果量的计算软件：G* Power

为了方便科研人员计算各类统计数据的效果量，Faul 等人（Faul et al.，2009；Faul et al.，2007）开发了一款名为G* Power的单机版统计软件，可以计算各种统计方法对应的效果量。图 16-1 所示是 G* Power 程序主界面。

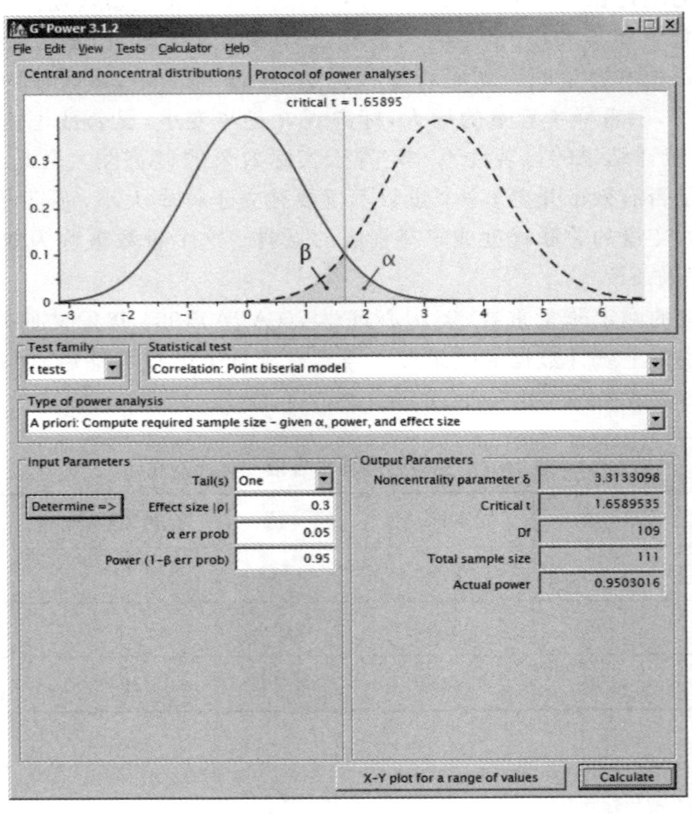

图 16-1 G* Power 3.1.2 程序主界面

16.4 补充阅读及软件下载

补充阅读

G* Power 下载

REFERENCES

参考文献

虞积生,方俐洛,张嘉棠.中国正常男青年的深度视觉阈值的测定[J].心理学报,1980(3):298-302.

Allen R J, Hitch G J, Baddeley A D. Cross-modal binding and working memory[J]. Visual Cognition, 2009, 17(1/2): 83-102.

Bahrami B. Object property encoding and change blindness in multiple object tracking [J]. Visual Cognition, 2003, 10(8): 949-963.

Burkell J A, Pylyshyn Z W. Searching through subsets: A test of the visual indexing hypothesis[J]. Spatial Vision, 1997, 11(2): 225-258.

Cowan N. The magical number 4 in short-term memory: A reconsideration of mental storage capacity[J]. Behavioral and Brain Sciences, 2000, 24: 87-185.

Conrad R. Acoustic confusions and memory span for words[J]. Nature, 1963, 197 (4871): 1029-1030.

Conrad R. Acoustic confusions in immediate memory [J]. British Journal of Psychology, 1964, 55(1): 75-84.

Darwin C J, Turvey M T, Crowder R G. An auditory analogue of the sperling partial report procedure: Evidence for brief auditory storage[J]. Cognitive Psychology, 1972, 3(2): 255-267.

Deese J. On the prediction of occurrence of particular verbal intrusions in immediate recall [J]. Journal of Experimental Psychology, 1959, 58(1): 17-22.

Faul F, Erdfelder E, Buchner A, et al.. Statistical power analyses using G* Power 3.1: Tests for correlation and regression analyses[J]. Behavior Research Methods, 2009, 41(4): 1149-1160.

Faul F, Erdfelder E, Lang A-G, et al.. G* Power 3: A flexible statistical power analysis program for the social, behavioral, and biomedical sciences[J]. Behavior Research Methods, 2007, 39(2): 175-191.

Fazio R H, Sanbonmatsu D M, Powell M C, et al.. On the automatic activation of attitudes[J]. Journal of Personality and Social Psychology, 1986, 50(2): 229-238.

Feldman J. What is a visual object? [J] Trends in Cognitive Sciences, 2003, 7(6): 252-256.

Green M. What determines correspondence strength in apparent motion? [J] Vision Research, 1986, 26(4): 599-607.

Green M. Color correspondence in apparent motion[J]. Perception and Psychophysics, 1989, 45(1): 15-20.

Greenwald A G, Farnham S D. Using the implicit association test to measure self-esteem and self-concept[J]. Journal of Personality and Social Psychology, 2000, 79(6): 1022-1038.

Greenwald A G, McGhee D E, Schwartz J L K. Measuring individual differences in implicit cognition: The implicit association test[J]. Journal of Personality and Social Psychology, 1998, 74(6): 1464-1480.

Greenwald A G, Nosek B A. Health of the implicit association test at age 3[J]. Zeitschrift fur Experimentelle Psychologie, 2001, 48(2): 85-93.

Greenwald A G, Nosek B A, Banaji M R. Understanding and using the implicit association test: An improved scoring algorithm[J]. Journal of Personality and Social Psychology, 2003, 85(2): 197-216.

Houwer J D. The extrinsic affective Simon task[J]. Experimental Psychology, 2003, 50(2): 77-85.

Kahneman D, Treisman A, Gibbs B J. The reviewing of object files: Object-specific integration of information[J]. Cognitive Psychology, 1992, 24(2): 175-219.

Koch C, Ullman S. Shifts in selective visual attention: Towards the underlying neural circuitry. Human Neurobiology, 1985, 4: 219-227.

Kruschke J K, Fragassi M M. The perception of causality: Feature binding in interacting objects[J]. Proceedings of the Eighteenth Annual Conference of the Cognitive Science Society, 1996: 441-446.

Luck S J, Vogel E K. The capacity of visualworking memory for features and conjunctions [J]. Science, 1997, 390: 279-281.

MacLeod C M. Half century of research on the stroop effect: An integrative review[J]. Psychological Bulletin, 1991, 109(2): 163-203.

Makovski T, Jiang Y V. The role of visual working memory in attentive tracking of unique objects[J]. Journal of Experimental Psychology: Human Perception and Performance, 2009, 35(6): 1687-1697.

Neisser U. Decision-time without reaction-time: Experiments in visual scanning[J]. The American Journal of Psychology, 1963, 76(3): 376-385.

Olejnik S, Algina J. Generalized eta and omega squared statistics: Measures of effect size for some common research designs[J]. Psychological Methods, 2003, 8(4):

434-447.

Pashler H. Familiarity and visual change detection[J]. Perception & Psychophysics,1988,44(4):369-378.

Posner M I,Boies S J,Eichelman W H,Taylor R L. Retention of visual and name codes of single letters[J]. Journal of Experimental Psychology Monograph,1969,79(1):1-16.

Posner M I,Keele S W. Decay of visual information from a single letter[J]. Science,1967,158(3797):137-139.

Pylyshyn Z W. The role of location indexes in spatial perception: A sketch of the FINST spatial-index model[J]. Cognition,1989,32(1):65-97.

Pylyshyn Z W. Situating vision in the world[J]. Trends in Cognitive Sciences,2000,4(5):197-207.

Pylyshyn Z W. Visual indexes, preconceptual objects, and situated vision [J]. Cognition,2001,80(1-2):127-158.

Pylyshyn Z W,JR V A. Dynamics of target selection in multiple object tracking[J]. Spatial Vision,2006,19(6):485-504.

Pylyshyn Z W, Storm R W. Tracking multiple independent targets: Evidence for a parallel tracking mechanism[J]. Spatial Vision,1988,3(3):179-197.

Roediger H L, McDermott K B. Creating false memories: Remembering words not presented in lists[J]. Journal of Experimental Psychology:Learning,Memory,and Cognition,1995,21(4):803-814.

Scholl B J,Pylyshyn Z W. Tracking multiple items through occlusion:Clues to visual objecthood[J]. Cognitive Psychology,1999,38(2):259 - 290.

Scholl B J,Pylyshyn Z W,Feldman J. What is a visual object? Evidence from target merging in multiple object tracking[J]. Cognition,2001,80(1-2):159-177.

Sears C R, Pylyshyn Z W. Multiple object tracking and attentional processing[J]. Canadian Journal of Experimental Psychology,2000,54(1):1-14.

Shepard R N,Judd S A. Perceptual illusion of rotation of three-dimensional objects[J]. Science,1976,191(4230):952-954.

Shepard R N, Metzler J. Mental rotation of three-dimensional objects[J]. Science,1971,171(3972):701-703.

Sperling G. The information available in brief visual presentations[J]. Psychological Monographs:General and Applied,1960,74(11):1-29.

Sternberg S. Memory-scanning:Mental processes revealed by reaction-time experiments[J]. American Scientist,1969,57(4):421-457.

Stroop J R. Studies of interference in serial verbal reactions [J]. Journal of Experimental Psychology,1935,18:643-662.

Treisman A. Perceptual grouping and attention in visual search for features and for objects[J]. Journal of Experimental Psychology: Human Perception and Performance, 1982, 8(2): 194-214.

Treisman A, Gormican S. Feature analysis in early vision: Evidence from search asymmetries[J]. Psychological Review, 1988, 95(1): 15-48.

Treisman A, Souther J. Search asymmetry: a diagnostic for preattentive processing of separable features[J]. Journal of Experimental Psychology: General, 1985, 114(3): 285-310.

VanMarle K, Scholl B J. Attentive tracking of objects versus substances[J]. Psychological Science, 2003, 14(5): 498-504.

Vogel E K, Woodman G F, Luck S J. Storage of features, conjunctions, and objects in visual working memory [J]. Journal of Experimental Psychology: Human Perception and Performance, 2001, 27(1): 92-114.

Watson A B. QUEST: A Bayesian adaptive psychometric method[J]. Perception and Psychophysics, 1983, 33(2): 113-120.

Wolfe J M, Place S S, Horowitz T S. Multiple object juggling: Changing what is tracked during extended multiple object tracking[J]. Psychonomic Bulletin and Review, 2007, 14(2): 344-349.

Sternberg S. The discovery of processing stages: Extensions of donders' method[J]. Acta Psychologica, 1969, 30(69): 276-315.

Friedman-Hill S R, Robertson L C, Treisman A. Parietal contributions to visual feature binding: Evidence from a patient with bilateral lesions[J]. Science, 1995, 269 (5225): 853-855.